HENRIQUE E. TOMA

ELEMENTOS QUÍMICOS E SEUS COMPOSTOS

1	2	3	4	5	6	7	8	9	10	11	12	13	14	15	16	17	18
1 H 1,0079																	2 He 4,0026
3 Li 6,941	4 Be 9,0122											5 B 10,811	6 C 12,010	7 N 14,006	8 O 15,999	9 F 18,998	10 Ne 20,180
11 Na 22,989	12 Mg 24,305											13 Al 26,981	14 Si 28,085	15 P 30,973	16 S 32,066	17 Cl 35,453	18 Ar 39,948
19 K 39,098	20 Ca 40,078	21 Sc 44,955	22 Ti 47,867	23 V 50,941	24 Cr 51,996	25 Mn 54,938	26 Fe 55,845	27 Co 58,933	28 Ni 58,693	29 Cu 63,546	30 Zn 65,40	31 Ga 69,723	32 Ge 72,64	33 As 74,92	34 Se 78,96	35 Br 79,904	36 Kr 83,80
37 Rb 85,467	38 Sr 87,62	39 Y 88,905	40 Zr 91,224	41 Nb 92,906	42 Mo 95,94	43 Tc 98	44 Ru 101,07	45 Rh 102,90	46 Pd 106,42	47 Ag 107,86	48 Cd 112,41	49 In 114,81	50 Sn 118,71	51 Sb 121,76	52 Te 127,76	53 I 126,90	54 Xe 131,29
55 Cs 132,90	56 Ba 137,32	57-71 La-Lu	72 Hf 178,49	73 Ta 180,94	74 W 183,84	75 Re 186,20	76 Os 190,23	77 Ir 192,21	78 Pt 195,07	79 Au 196,96	80 Hg 200,59	81 Tl 204,38	82 Pb 207,21	83 Bi 208,98	84 Po 209	85 At 210	86 Rn 222
87 Fr 223	88 Ra 226	89-103 Ac-Lr	104 Rf 261	105 Db 262	106 Sg 266	107 Bh 264	108 Hs 277	109 Mt 268	110 Ds 271	111 Rg 272	112 Cn		114 Fl		116 Lv		
Lantanídios →		57 La 138,90	58 Ce 140,11	59 Pr 140,90	60 Nd 144,24	61 Pm 145	62 Sm 150,36	63 Eu 151,96	64 Gd 157,25	65 Tb 158,92	66 Dy 162,50	67 Ho 164,93	68 Er 167,26	69 Tm 168,93	70 Yb 173,04	71 Lu 174,96	
Actinídios →		89 Ac 227	90 Th 232,03	91 Pa 231,03	92 U 238,02	93 Np 237	94 Pu 244	95 Am 243	96 Cm 247	97 Bk 247	98 Cf 251	99 Es 252	100 Fm 257	101 Md 258	102 No 259	103 Lr 262	

Coleção de Química Conceitual – volume três
Elementos químicos e seus compostos

Editora Edgard Blücher Ltda.

Blucher

Rua Pedroso Alvarenga, 1245, 4º andar
04531-012 - São Paulo - SP - Brasil
Tel 55 11 3078-5366
contato@blucher.com.br
www.blucher.com.br

Segundo Novo Acordo Ortográfico, conforme 5. ed. do *Vocabulário Ortográfico da Língua Portuguesa*, Academia Brasileira de Letras, março de 2009.

FICHA CATALOGRÁFICA

Toma, Henrique Eisi
Elementos químicos e seus compostos / Henrique Eisi Toma. - São Paulo: Blucher, 2012.
Coleção de Química conceitual, v. 3).

ISBN 978-85-212-0733-7

1. Química 2. Elementos químicos 3. Tabela Periódica I. Título II. Série

12-0447 CDD 540

Índice para catálogo sistemático:
1. Química

À minha família,

Cris, Henry e Gustavo, e

ao saudoso Professor Ernesto Giesbrecht,
quem me introduziu ao mundo da
química inorgânica.

PREFÁCIO

Neste conjunto de textos que compõem a coleção **Química Conceitual**, nossa maior preocupação foi apresentar um conteúdo moderno, representativo do mundo da Química, sem fronteiras. O público-alvo são os químicos e não químicos e, por isso, o ponto de partida não pressupõe qualquer pré-requisito cognitivo. Na série, rompemos, com as divisões clássicas de Química Inorgânica, Orgânica e Físico-química, e procuramos abrir espaço para tópicos que não podem deixar de ser ensinados na atualidade, como a questão dos materiais, da energia, da nanotecnologia, dos aspectos ambientais e da sustentabilidade. Aspectos básicos da Química Orgânica tradicional foram enquadrados de forma harmoniosa na Química dos Elementos e Compostos, para que o leitor perceba as particularidades e semelhanças de forma global, na Tabela Periódica.

Com o avanço e uso extensivo dos recursos computacionais na Química, a ferramenta teórica já não pode mais ser ignorada. Apesar de a Química teórica ser baseada na mecânica quântica, devemos aceitar o desafio de tentar torná-la acessível pedagogicamente, em vez de simplesmente expurgá-la, em razão de sua complexidade. Certamente, muito terá de ser feito nessa área, para que o ensino de Química entre em sintonia com a modernidade e possa usufruir dos seus benefícios.

Alguns dos sistemas abordados no texto podem, inicialmente, parecer demasiadamente complexos. As estruturas de polímeros, medicamentos e materiais ultrapassam nossa capacidade de memorização e, de fato, este não foi o nosso objetivo. A presença dessas estruturas no texto contribuirá para que o leitor aprenda a analisar o fato complexo pelas suas partes simples, e perceba a identidade química dos materiais constituintes que estão ao redor.

CONTEÚDO

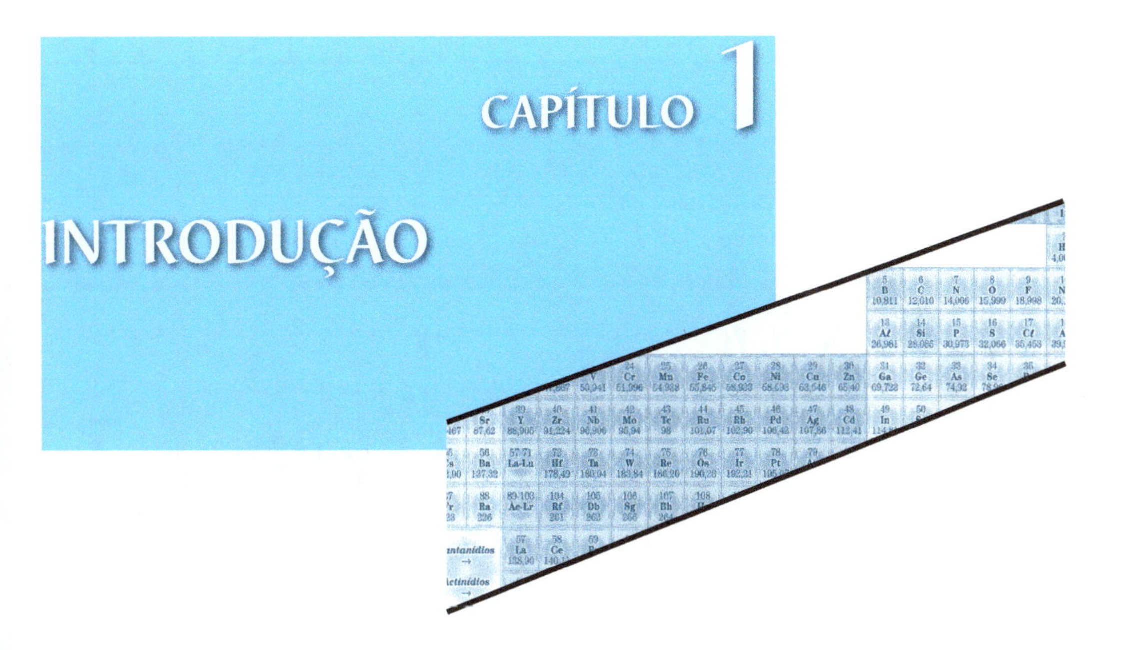

CAPÍTULO 1

INTRODUÇÃO

Os elementos químicos, na forma livre ou combinada, compõem o mundo em que vivemos. Entretanto, na escala universal, o hidrogênio, o elemento mais simples, é o grande formador de quase tudo que é visível, compondo as estrelas e alimentando o processo de fusão nuclear que as torna radiantes. Por esse processo, elementos mais pesados vão sendo gradualmente formados nas estrelas, até chegar aos elementos metálicos mais pesados, como o ferro, quando então um novo ciclo tem início, anunciando a morte estelar. Em uma sucessão de eventos, os fragmentos de matéria das explosões estelares acabam sendo condensados, formando os corpos celestes, como os planetas.

A composição da crosta terrestre, mostrada na Figura 1.1 é um reflexo da gênese dos elementos. Por essa razão, com exceção dos elementos gasosos H, He, Ne e Ar, que são mais abundantes no Sol, existe alguma semelhança na composição elementar dos corpos que compõem o sistema planetário, tomando como exemplo a Terra, o Sol, a Lua e os asteroides. Verifica-se a predominância dos elementos mais leves (do primeiro ao quarto período da tabela periódica), bem como de elementos de número atômico par. Entre os elementos de transição, em todo o sistema

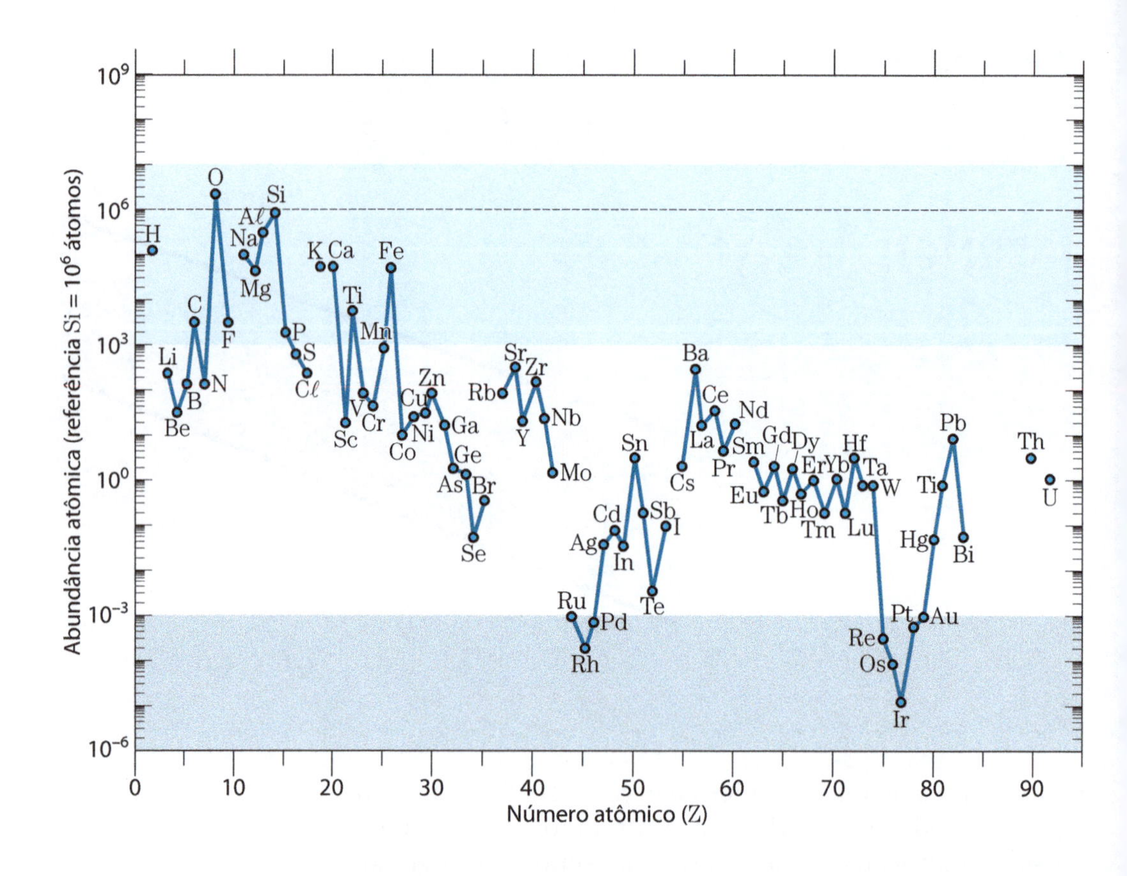

Figura 1.1
Distribuição dos elementos na crosta terrestre, tendo o silício como referência (linha tracejada representando um milhão de átomos), mostrando, na faixa superior, os elementos mais abundantes que formam as rochas, e, na faixa inferior, os metais nobres, mais raros, considerados estratégicos em catálise.

planetário, o ferro predomina. Os elementos lítio e berílio, de números atômicos 3 e 5, respectivamente, são sempre pouco abundantes.

Na descrição da química dos elementos cabe uma atenção especial à sua disponibilidade na natureza, pois isso é importante para a exploração racional dos recursos minerais. Os aspectos estruturais e energéticos dos elementos e seus compostos também devem ser levados em conta, visto que fornecem a base para discussão das propriedades químicas e físicas.

Outro aspecto relevante, nem sempre explorado na Tabela Periódica, é a questão da atomicidade dos elementos, ou seja, do número de átomos que normalmente participam da composição das moléculas ou espécies mais estáveis (Figura 1.2). A atomicidade cresce no sentido da diagonal da Tabela Periódica. De fato, essa é a ordem natural da complexidade molecular, e a abordagem em diagonal foi adotada como linha mestra neste livro, para valorizar a inter-relação existente entre os elementos, misturando famílias e períodos.

Sendo assim, iniciando com a família dos gases nobres (família 18), a atomicidade é igual é 1, ou seja, os elementos se apresentam na forma monoatômica. Isso se deve ao fato de que os gases nobres apresentam configuração de camada completa, com dois (He) ou oito elétrons (Ne, Ar, Kr, Xe, Rn) no nível de valência.

Percorrendo as famílias no sentido da coluna 17 até 14, o número de elétrons da camada de valência diminui sucessivamente de 7 para 4, enquanto os átomos tendem a formar um maior número de ligações, aumentando sua atomicidade até completarem as respectivas camadas de valência. Dessa forma, depois dos elementos monoatômicos da família 18, os elementos químicos passam a formar moléculas biatômicas (H_2, F_2, $C\ell_2$, Br_2, I_2, O_2 e N_2) e, avançando progressivamente no sentido da diagonal, surgem moléculas poliatômicas de atomicidade crescente, como P_4, S_8, ..., C_{60}.

Indo da família 13 até a família 1, o número de elétrons da camada de valência fica mais reduzido e a busca da estabilidade leva a uma ampliação do compartilhamento de elétrons entre os átomos vizinhos, dando origem a estruturas estendidas infinitamente. Estas podem apresentar ligações localizadas, dando origem aos sólidos covalentes, como diamante, grafite, boro, silício e germânio, ou podem apresentar ligações deslocalizadas, formando os sólidos metálicos, como os metais de transição, alcalinoterrosos, alcalinos e terras raras (lantanídios e actinídios).

Ao longo de cada família, o caráter metálico cresce com o número atômico, visto que os elétrons externos encontram-se mais disponíveis, ou seja, podem ser removidos com maior facilidade. Por outro lado, a expansão da camada de valência por meio da inclusão dos orbitais *d* favorecerá o compartilhamento múltiplo de elétrons entre vários átomos.

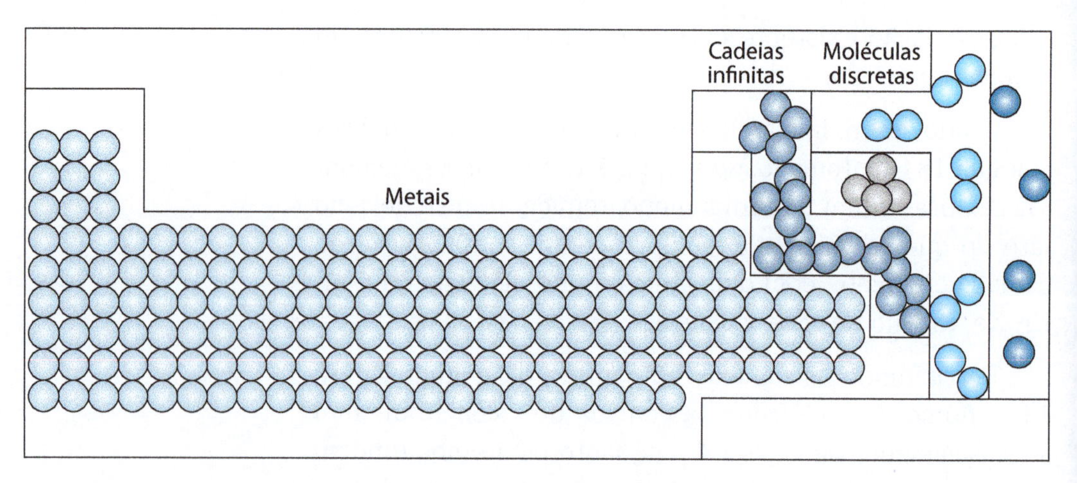

Figura 1.2
Evolução da atomicidade ao longo da tabela periódica: na extrema direita, estão os gases nobres, formados por unidades monoatômicas; a seguir, estão o nitrogênio, o oxigênio e os halogênios, que formam moléculas biatômicas; e, na sequência, o fósforo e o enxofre, que formam unidades moleculares do tipo P_4 e S_8, respectivamente, e, depois, os elementos catenados (C, B, Si, Ge, As), seguidos pelo bloco dos metais, com suas redes atômicas infinitas.

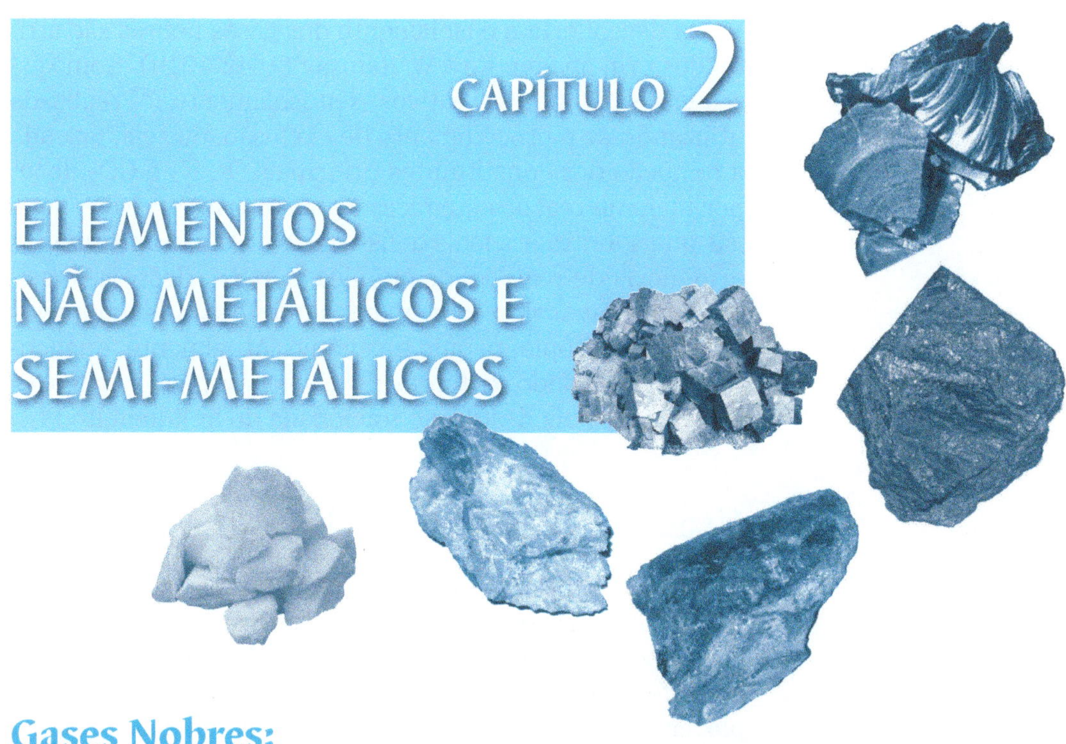

CAPÍTULO 2

ELEMENTOS NÃO METÁLICOS E SEMI-METÁLICOS

Gases Nobres: Os Elementos Pouco Reativos

Os gases nobres formam o grupo mais simples de elementos, em virtude de suas características monoatômicas, decorrentes da baixa tendência para formar ligações químicas. A denominação **nobre** foi inspirada na baixa reatividade desses elementos.

O **hélio** é o segundo elemento mais abundante do universo, perdendo apenas para o hidrogênio. Entretanto, é muito escasso em nosso planeta, pois, por ser extremamente leve, move-se com maior velocidade que os outros gases e consegue escapar do campo gravitacional terrestre. Felizmente ainda existem algumas fontes naturais de gases, nas quais o He pode ser encontrado em teores de até 7%, o que torna possível sua exploração de forma econômica.

Os gases nobres se encontram em pequenas quantidades na atmosfera, contribuindo com 1% de seu volume, sendo o argônio o elemento mais abundante da série, ocupando 0,934% em volume, seguido pelo neônio ($1{,}818 \times 10^{-3}\%$), pelo hélio ($5{,}2 \times 10^{-4}\%$), pelo kriptônio ($1{,}14 \times 10^{-4}\%$) e pelo xenônio ($8{,}7 \times 10^{-6}\%$).

A descoberta e o isolamento dos gases nobres são atribuídos principalmente a W. Ramsay (1842-1919). Como esses gases são pouco reativos, seu isolamento foi realizado utilizando-se o procedimento de exclusão, ou seja, fazendo a remoção dos constituintes principais O_2, N_2 e CO_2 do ar, por meio de reações químicas. Quando isso foi realizado, o gás que sobrava era mais denso que o ar, e não apresentava evidências de reatividade química. A partir desse gás residual, Ramsay isolou os elementos que foram denominados argônio, kriptônio, neônio e xenônio. Atualmente, enquanto o He é extraído de fontes de gases naturais, o Ar e o Ne são obtidos pela destilação fracionada do ar liquefeito.

Usos e Propriedades dos Gases Nobres

Alguns dados físicos e químicos para os gases nobres podem ser vistos na Tabela 2.1. O argônio, por ser mais abundante e de menor custo, é o gás mais utilizado em trabalhos sob atmosfera inerte, ou que exigem ausência de ar; por exemplo, em soldagens na microeletrônica, impedindo a formação de óxidos metálicos, e em processos químicos anaeróbicos em geral. O neônio é utilizado em lâmpadas fluorescentes. O hélio, apesar de apresentar alto custo, é muito empregado como fluido criogênico para obtenção de temperaturas próximas de 0 K, necessárias para o funcionamento de supercomputadores e circuitos supercondutores de eletricidade. No estado líquido, quando se faz a redução da temperatura, o He passa por um estado de superfluidez, no qual atinge uma elevada condutividade térmica e viscosidade praticamente nula. Por ser muito leve, é um excelente gás de flutuação, utilizado em balões meteorológicos. O He também é empregado na composição do ar artificial (He + O_2) respirado pelos mergulhadores e cosmonautas sujeitos a processos de descompressão. Quando isso ocorre, o nitrogênio molecular dissolvido no sangue é liberado rapidamente, formando bolhas, como ocorre nas garrafas com refrigerante, levando, muitas vezes, a consequências fatais. A menor solubilidade do He em água impede a ocorrência desse tipo de efeito.

Os gases nobres mais leves (He, Ne e Ar) não formam compostos estáveis em condições normais. O potencial de ionização para a remoção dos elétrons mais externos é muito elevado, e não existe possibilidade de se introduzir

Tabela 2.1 – Propriedades dos gases nobres

Gás nobre	He	Ne	Ar	Kr	Xe
Número atômico	2	10	18	36	54
Massa por mol	4,00	20,179	39,098	83,80	131,29
Raio van der Waals/nm	0,093	0,131	0,174	0,189	0,209
Pot. ionização/eV	24,58	21,56	15,76	14,00	12,13
Ponto de fusão/°C		–248,6	–189,4	–157,2	–111,8
Ponto de ebulição/°C	–268,9	–246,1	–185,9	–163,4	–108,1
Densidade/g cm^{-3}	0,178	0,899	1,784	3,749	5,897
Solub. em $H_2O/cm^3 L^{-1}$	8,61	10,5	33,6	59,4	108,1

elétrons no nível $ns^2 np^6$, que já está completo. Entretanto, com o aumento do número atômico, as diferenças entre os níveis de energia diminuem, e os orbitais *d* mais externos ficam mais acessíveis, podendo participar da formação de ligações por meio da expansão da camada de valência. Os gases nobres mais pesados, como o Xe, combinam-se com elementos altamente eletronegativos (F, O), formando compostos do tipo XeF_2, XeF_4 e XeO_3.

Elementos Biatômicos

Os elementos biatômicos e suas propriedades estão relacionados na Tabela 2.2

Hidrogênio, H_2

O hidrogênio é o elemento mais abundante do universo, e o terceiro na superfície terrestre, após o oxigênio e o silício. Foi isolado em 1766, por Cavendish, recolhendo o gás liberado na reação de ácidos com metais. A reação desse gás com o oxigênio produz água, e desse fato provém o nome hidrogênio, proposto por Lavoisier, em 1783.

Tabela 2.2 — Elementos biatômicos e constantes físicas

Átomos Moléculas	H H_2	F F_2	Cℓ $Cℓ_2$	Br Br_2	I I_2	O O_2	N, N_2
Número atômico	1	9	17	35	53	8	7
1° Pot. Ion./eV	13,60	17,42	12,97	11,81	10,45	13,61	14,54
Afinid. eletr./eV	0,75	3,40	3,62	3,36	3,06	1,46	–0,07
Raio Waals/nm	0,120	0,135	0,180	0,195	0,215	0,140	0,150
Dist. ligação/nm	0,074	0,143	0,199	0,228	0,266	0,120	0,109
Raio iônico/nm carga iônica		0,133 (–1)	0,180 (–1)	0,195 (–1)	0,215 (–1)	0,140 (–2)	0,171 (–3)
P. fusão/°C	–259	–218	–101	–7,25	113	–218	–210
P. ebul./°C	–252	–188	–34,0	59,5	185	–185	–195
ΔH fusão/kJ mol^{-1}	0,12	0,51	6,41	10,57	15,52		
ΔH vap./kJ mol^{-1}	0,90	6,54	20,4	29,5	42,0	6,81	5,56
E dissoc./kJ mol^{-1}	435	159	243	193	151	493	945
E° ($1/2\ X_2 \rightarrow X^-$)/V	–2,25	2,87	1,39	1,08	0,61		
Solub. H_2O/mol L^{-1}		dec.	0,09	0,21	$0,54 \times 10^{-3}$	$1,3 \times 10^{-3}$	1×10^{-3}

O elemento apresenta três isótopos: H (99,99%), D ou deutério (0,01%) e T ou trítio (10^{-15}%). Enquanto o hidrogênio e o deutério são estáveis, o trítio é radioativo, emitindo partículas β (elétrons) com um tempo de meia-vida de 12,35 anos. Tanto o hidrogênio como o deutério é usado em lâmpadas especiais, como fonte de luz ultravioleta (Figura 2.1).

Obtenção

No laboratório, o H_2 pode ser preparado pela reação de metais, como Mg e Zn, com ácidos diluídos. Mergulhando-se uma fita de zinco ou magnésio em ácidos diluídos ocorre forte desprendimento de gás (hidrogênio) com dissolução do metal, formando íons Mg^{2+} em solução.

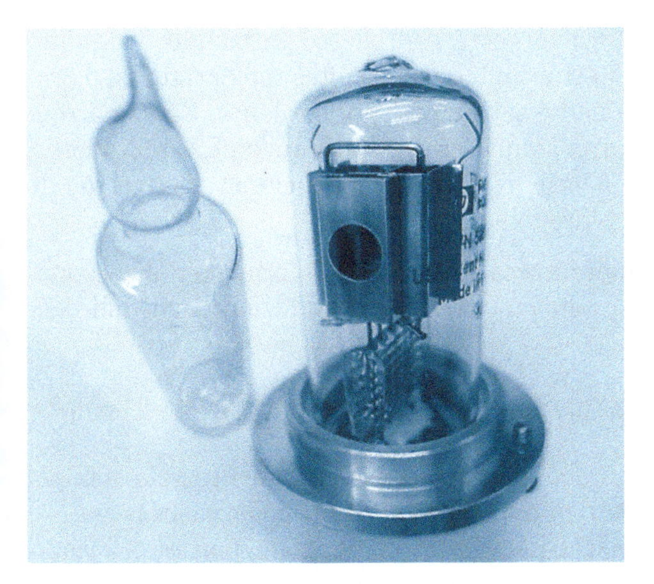

Figura 2.1
Ampola de hidrogênio, ao lado de uma lâmpada de deutério usado como fonte de luz ultravioleta em equipamentos de laboratório (espectrofotômetros).

$$Mg + 2H^+ \rightarrow Mg^{2+} + H_2$$

A utilização de metais mais eletropositivos, como os alcalinos, deve ser evitada, mesmo na presença de ácidos mais fracos, pois a reação é muito violenta, com risco de explosão.

A eletrólise da água acidificada, também é um método eficiente para obtenção em laboratório.

Na indústria, 90% do H_2 provêm do processamento de combustíveis fósseis (petróleo, gás natural ou carvão), com vapor de água. A reação do gás natural com vapor de água tem sido muito utilizada em todo o mundo:

$$CH_4(g) + H_2O(g) \underset{\Delta}{\rightarrow} 3H_2(g) + CO(g) \qquad \Delta H = 205 \text{ kJ mol}^{-1}.$$

É interessante notar que essa reação é endotérmica (retira calor), porém conduz a um considerável aumento de entropia ($\Delta S > 0$), pois forma um número maior de moléculas gasosas em relação ao que existia anteriormente. Quanto maior o número de partículas livres maior será a entropia do sistema. Como a reação necessita de uma variação negativa de energia livre para ocorrer, e sendo $\Delta G = \Delta H - T\Delta S$, o uso de temperaturas elevadas (por exemplo, 900 °C) favorecerá o processo, tornando o produto $T\Delta S > \Delta H$. Mesmo com o uso de altas temperaturas, o processo ainda não é satisfatório por ser lento. Em decorrência disso, torna-se necessário o emprego de catalisadores, geralmente à base de níquel, para acelerar a conversão do metano em hidrogênio.

Em temperaturas elevadas o CO formado reage espontaneamente com vapor de água, produzindo mais hidrogênio.

$$CO(g) + H_2O(g) \xrightarrow[\Delta]{} CO_2(g) + H_2(g) \quad \Delta H = -41 \text{ kJ mol}^{-1}.$$

Essa reação é governada essencialmente pela entalpia negativa, visto que o número de partículas gasosas antes e depois da reação permanece constante e, portanto, a variação de entropia é praticamente nula.

O uso do carvão como matéria-prima na obtenção do hidrogênio foi muito importante antes da Segunda Guerra Mundial. Atualmente, isso só é viável em países ricos em carvão mineral (por exemplo, África do Sul). A reação do carvão aquecido ao rubro, com vapor de água, produz uma mistura conhecida como gás d'água (mistura de CO e H_2),

$$H_2O(v) + C(s) \xrightarrow[\Delta]{} CO(g) + H_2(g).$$

O CO formado é novamente tratado com vapor de água e convertido em CO_2 e H_2.

Propriedades e aplicações

O hidrogênio molecular é importante do ponto de vista econômico, principalmente como matéria-prima da indústria química. Apresenta enorme potencialidade como fonte de energia, em razão, principalmente, de sua alta densidade de energia por unidade de massa, por exemplo, 121 kJ g^{-1} comparado com 50 kJ g^{-1} para o CH_4 (metano) e, ainda, pela possibilidade de estocagem, baixa toxicidade e compatibilidade com o meio ambiente. A combustão do hidrogênio produz essencialmente água. O custo de obtenção, em relação aos combustíveis fósseis, ainda é um fator limitante para o uso do hidrogênio molecular como combustível.

O H_2 é produzido em grandes quantidades em todo o mundo. Para evitar problemas de armazenagem é aconselhável sua utilização, no local, pelo próprio produtor, por exemplo, como matéria-prima em processos químicos e petroquímicos (90%). Um pouco menos que 10% têm sido destinados ao uso como combustível, fonte de energia, propelente de foguetes e gás para solda. Cerca de 1% destina-se a aplicações metalúrgicas.

Sua utilização como combustível está se tornando viável com o desenvolvimento das celas eletroquímicas especiais, no qual as semirreações de oxirredução, em que participam o H_2 e o O_2 se dão ao nível dos eletrodos, produzindo eletricidade em vez de calor (Figura 2.2). Esse tipo é conhecido como cela a combustível, e já é empregado em veículos experimentais e nos programas espaciais.

O II_2 empregado no maçarico simples libera energia por meio da combustão,

$$H_2 + 1/2\ O_2 \rightarrow H_2O \qquad \Delta H = -326\ \text{kJ mol}^{-1}$$

proporcionando temperaturas de até 2.800 °C. No maçarico a arco voltaico, (Figura 2.3) se utiliza a descarga elétrica para promover a dissociação da molécula em átomos, os

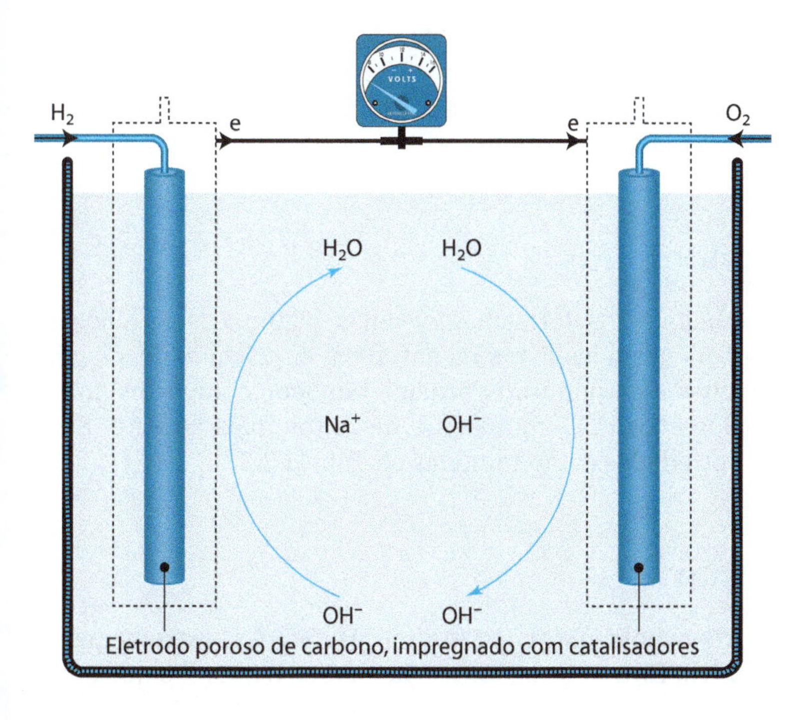

Figura 2.2
Descrição de uma cela a combustível.

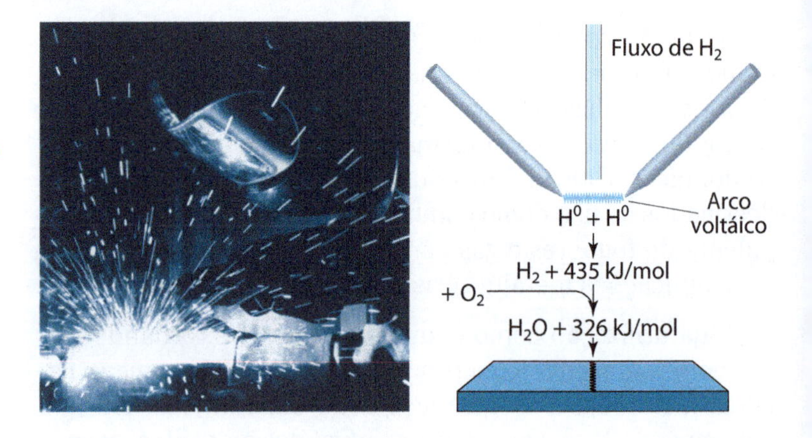

Figura 2.3 Ilustração do maçarico de hidrogênio atômico ou de arco voltaico de hidrogênio e dos processos elementares envolvidos.

quais se recombinam posteriormente, liberando mais energia.

$$2\,H \rightarrow H_2 \qquad \Delta H = -435 \text{ kJ mol}^{-1}.$$

Com isso, pode-se atingir uma temperatura de até 5.000 °C. Esse tipo de maçarico é usado na solda de materiais refratários como W, Nb etc., de alto ponto de fusão.

Na indústria, a porcentagem maior do hidrogênio produzido ainda vai para a síntese da amônia (50%).

$$3H_2 + 2N_2 \rightleftharpoons 2NH_3.$$

Outra fração é usada na hidrogenação de compostos insaturados e gorduras.

Halogênios

Os halogênios formam moléculas biatômicas X que não são encontradas livres na natureza, em virtude de sua alta reatividade química. Formam também compostos inter-halogênios, XY_n, que serão descritos mais adiante. Suas propriedades estão reunidas na Tabela 2.2.

Flúor

O flúor molecular constitui um gás incolor extremamente reativo. Entre os elementos da família, o flúor é o que apresenta maior desvio relativo nas propriedades, em virtude do pequeno raio atômico. A distância da ligação F—F é de 0,142 nm, quando o esperado, com base nos raios médios de covalência, seria de 0,128 nm. Esse alongamento tem sido atribuído à repulsão dos pares eletrônicos da camada de valência provocada pela maior proximidade dos átomos. O efeito de repulsão também pode ser percebido pelo valor relativamente pequeno da energia de ligação F—F, que é de apenas 153 kJ mol^{-1}, em comparação com a do Cl—Cl, 239 kJ mol^{-1}. O flúor é forte oxidante, e dentre os halogênios, é o único incompatível com água, reagindo violentamente na sua presença, formando OF_2.

Os principais minerais que contêm flúor são a fluorita (fluorospar) CaF_2 (Figura 2.4) a mais importante, a criolita $Na_3A\ell F_6$, relativamente rara, e a fluoroapatita, $3Ca_3(PO_4) \cdot CaF_2$, que é a mais abundante, porém contém apenas 3,5% em peso de F sendo de maior interesse para a extração de fosfato.

O tratamento do CaF_2 com ácido sulfúrico produz HF:

$$CaF_2(s) + H_2SO_4(\ell) \rightarrow 2HF(g) + CaSO_4(s).$$

O flúor é obtido, industrialmente, a partir da eletrólise de uma mistura de KF e HF (1:2), usando uma cela eletrolítica feita de aço ou monel (liga cobre–níquel 30:70), cujas paredes, apesar de serem inicialmente atacadas, acabam

Figura 2.4 Cristais de fluorita (CaF_2).

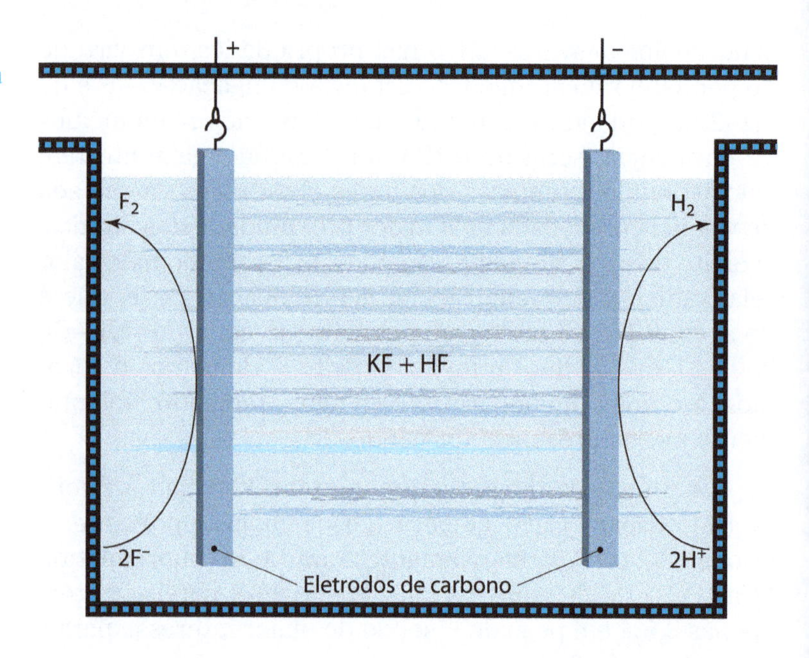

Figura 2.5
Esquema de cela eletrolítica para obtenção do flúor.

sendo rapidamente recobertas por uma camada protetora de fluoreto do metal (Figura 2.5).

$$2\ HF \xrightarrow{\text{eletrólise}} H_2 + F_2.$$

As condições devem ser anidras, para evitar a reação explosiva do F_2 com a água.

A produção do flúor destina-se principalmente para a fabricação do UF_6, composto gasoso de urânio utilizado em processos de enriquecimento isotópico para reatores nucleares, e para a obtenção de SF_6, gás utilizado em transformadores de alta tensão.

Cloro, Bromo e Iodo

O cloro molecular é um gás amarelo esverdeado de ponto de ebulição –34 °C, ao passo que o bromo molecular apresenta-se como um líquido vermelho escuro de ponto de ebulição 59,5 °C. O iodo molecular forma um sólido escuro, brilhante, de ponto de fusão 113,6 °C (Figura 2.6). Quando comprimido, o iodo se torna metálico, e a uma pressão de 350 kbar (345.000 atm) a condutividade atinge 10^4 ohm^{-1} cm^{-1}, que é a faixa típica de metais.

Figura 2.6
Ampolas de cloro (g), bromo (ℓ) e iodo (s) à temperatura ambiente.
Fonte: Coleção particular do autor.

Obtenção

O cloro foi inicialmente isolado por Scheele em 1774, recolhendo o gás produzido na reação:

$$4NaC\ell + 2H_2SO_4 + MnO_2 \rightarrow 2Na_2SO_4 + MnC\ell_2 + 2H_2O + C\ell_2.$$

Scheele, entretanto, pensou que se tratava de um composto, em vez de um novo elemento. A comprovação que se tratava de um novo elemento foi feita por Davy, em 1811, que o denominou "cloro" (em grego = amarelado). O cloro também foi denominado "halogênio" (gerador de sal) pela capacidade de se combinar com metais, formando sais. Mais tarde, esse nome foi estendido à família de elementos.

O iodo foi isolado por Courtois (1811) no tratamento de cinzas de algas marinhas com ácido sulfúrico. O bromo foi isolado por Balard (1826), tratando com $C\ell_2$ a água residual do processo de cristalização do $NaC\ell$, que é rico em $MgBr_2$. O flúor só foi isolado em 1886 por Moissan, em um arrojado experimento de eletrólise, partindo de uma solução resfriada de KHF dissolvido em HF líquido, anidro, usando eletrodos de Pt/Ir e um recipiente de platina.

No laboratório, o cloro pode ser preparado a partir da reação do MnO_2 com solução aquosa de $HC\ell$.

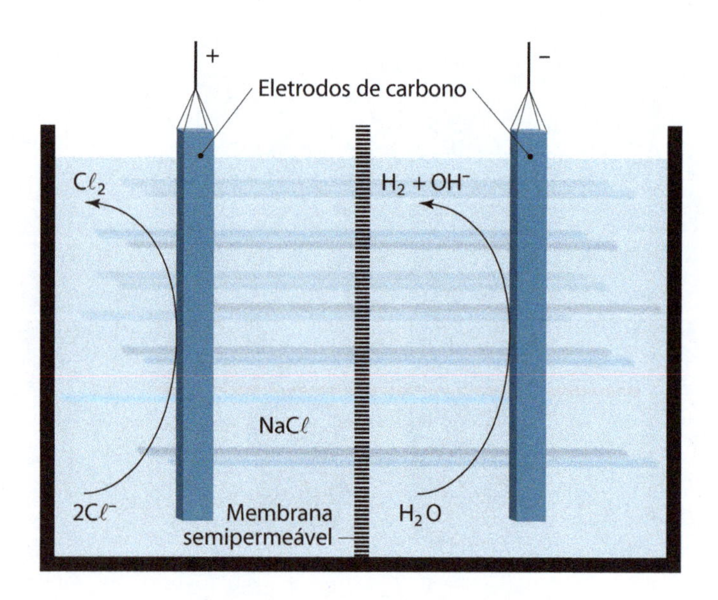

Figura 2.7
Obtenção do cloro por meio de eletrólise em célula com membrana de troca iônica.

O $C\ell_2$ é produzido a partir da eletrólise de soluções de $NaC\ell$ (Figura 2.7). A matéria-prima, $NaC\ell$, proveniente do mar ou das minas de sal, é inesgotável. Além do cloro gasoso, obtém-se hidrogênio e hidróxido de sódio como subprodutos.

$$2C\ell^- + 2H_2O \xrightarrow{\text{eletrólise}} C\ell_2 + H_2 + 2OH^-.$$

A solubilidade do $NaC\ell$ em água é igual a 357 gL^{-1}, em condições ambientes (35,7%). Nos oceanos, a salinidade típica é igual a 3,5%, entretanto, nos diferentes mares, varia de 0,1% a 35%. Os casos extremos são o Mar Morto (Jordânia/Israel) e o Mar de Aral (Ásia Central, Cazaquistão/Uzbequistão), em que a salinidade praticamente atinge o limite de solubilidade (35%) do sal em água. A elevada densidade da água salgada impede que os corpos afundem (Figura 2.8), e o contacto das mucosas (olhos, boca) com essa água pode ser extremamente doloroso ou desagradável. Em águas rasas, é possível observar o sal depositado no fundo, e pode ser dolorosa a caminhada com os pés descalços.

Usos do cloro

O cloro tem sido usado, principalmente, em processos de branqueamento de polpa de papel, tratamento de água e obtenção de cloreto de vinila:

Figura 2.8
Banhistas no Mar Morto, no qual a elevada densidade da água impede que os corpos afundem.
Fonte: Coleção particular do autor.

$$CH_2{=}CH_2 + C\ell_2 \rightarrow CH_2C\ell{-}CH_2C\ell \qquad (cat = FeC\ell_3)$$

$$CH_2C\ell{-}CH_2C\ell \rightarrow HC\ell + CH_2{=}CHC\ell \qquad (T = 500\ °C)$$

A produção mundial ultrapassa 40 × 10^6 ton/ano. No Brasil, os maiores produtores são a Carbocloro (SP), Dow (BA), Salgema (AL) e Solvay (SP). O País é autossuficiente, com produção ao redor de 1 × 10^6 ton/ano. O consumo nacional vai para a produção de $HC\ell$, dicloroetano, hipoclorito de sódio, papel e celulose, setor químico/petroquímico e tratamento de água.

O bromo ocorre na natureza na forma de brometos solúveis, na concentração de 0,065 gL^{-1} na água do mar, ou 4 gL^{-1} no Mar Morto, sendo os maiores produtores os Estados Unidos e Israel.

Na forma molecular, o bromo é produzido pelo deslocamento com $C\ell_2$:

$$2Br^- + C\ell_2 \rightarrow 2C\ell^- + Br_2.$$

O processo é realizado em meio ácido, borbulhando $C\ell_2$ diretamente na salmoura, sendo o Br_2 formado arrastado com ar ou vapor de água.

O bromo molecular é usado na indústria, principalmente na bromação de compostos orgânicos. Cerca de 30% do uso, nos Estados Unidos, vão para retardantes de chama como o tris(dibromopropil)fosfato, $(Br_2C_3H_5O)_3PO$, e outros bromos derivados orgânicos, ou em extintores de incêndio, na forma de bromodifluorometano ($CHBrF_2$), bromotrifluorometano ($CBrF_3$) e bromoclorodifluorometano ($CBrC\ell F_2$).

O iodo é extraído principalmente da salmoura, na qual está presente na forma de iodeto, em teores de 30 a 100 ppm. O processo é análogo ao da extração do bromo: a salmoura é tratada com $HC\ell$ ou H_2SO_4 e excesso de cloro, sendo os vapores de iodo arrastados com ar.

O principal consumo do iodo se dá na forma de iodeto de potássio, bem como de derivados orgânicos e inorgânicos diversos, em ração animal, catálise, indução de chuva (AgI) e corantes.

Oxigênio e Nitrogênio Molecular

O oxigênio é o elemento mais abundante da superfície terrestre, constituindo, em massa, 23% da atmosfera (ou 20,8% em volume), 46% da litosfera e 85% da hidrosfera. Sua descoberta é atribuída a Scheele e Priestley, independentemente, por volta de 1773. Entretanto, o reconhecimento como um novo elemento se deve a Lavoisier (1777) que o denominou "oxigênio" (gerador de ácido).

O nitrogênio, por outro lado, é o elemento livre (não combinado) mais abundante na natureza, formando 78,1% em volume, da atmosfera. Também é encontrado na litosfera, sendo os minerais típicos KNO_3 (salitre) e $NaNO_3$ (salitre do Chile). Sua descoberta é atribuída a D. Rutherford (1772), que estudou o gás residual da queima de compostos de carbono com quantidades limitadas de ar. O nome nitrogênio foi sugerido por Chaptal (1790) por ser um elemento constituinte do ácido nítrico; contudo, Lavoisier preferiu "azoto" (sem vida) em razão das propriedades asfixiantes do gás. O nome ainda é lembrado pelo prefixo "azo" (por exemplo, azocorante, azoteto).

O oxigênio e o nitrogênio formam moléculas biatômicas, O_2 e N_2, respectivamente, e serão estudados em conjunto. Suas propriedades físicas estão reunidas na Tabela 2.2, juntamente com as das demais espécies biatômicas. Apesar da semelhança nas propriedades físicas, decorrente de suas massas muito próximas, o O_2 é bastante reativo, ao passo que o N_2 é quase inerte, do ponto de vista químico.

A distância da ligação no O_2 (0,1207 nm) é menor que a esperada com base nos raios de covalência simples (0,132 nm). O mesmo ocorre para o N_2, cuja distância de ligação é 0,110 nm, em relação a 0,140 nm esperado para a ligação simples N—N. Segundo a teoria dos orbitais moleculares, a ligação no O_2 apresenta um caráter de dupla, no qual os dois elétrons de energia mais alta ocupam orbitais degenerados (ou seja, orbitais equivalentes, de mesma energia), de simetria π. Esse fato é responsável pelo caráter paramagnético da molécula. A ordem de ligação, igual a 2, é consistente com uma elevada energia de dissociação, de 489 kJ mol^{-1}, em relação à esperada para uma ligação covalente simples (138 kJ mol^{-1}). Assim, para o dioxigênio no estado fundamental, a multiplicidade de spin corresponde a um tripleto; que recebe a notação espectroscópica $^3O_2$. A colocação de spins na forma antiparalela (opostos) admite duas possibilidades; em orbitais diferentes ou no mesmo orbital, (Figura 2.9) dando origem a dois estados excitados singlete ($^1O_2$) que se situam cerca de 95 e 159 kJ/mol acima do estado fundamental.

A cor azul do oxigênio molecular na forma líquida ou sólida é decorrente da absorção da luz, que promove transições do estado tripleto fundamental, para os estados singletos excitados, com números de onda de 7,918 e 13,195 cm^{-1}.[1] A formação do oxigênio molecular no estado excitado pode ser observado em muitas reações químicas, como na reação da água oxigenada com hipoclorito, ou pela colisão do $^3O_2$ com moléculas de corantes ativadas por luz.

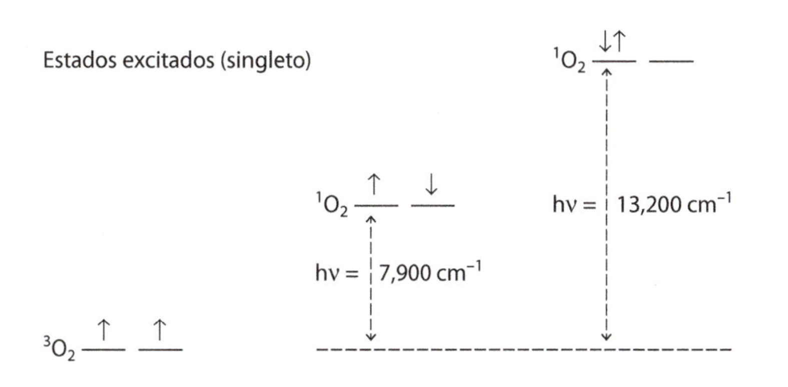

Figura 2.9
Estados eletrônicos do oxigênio molecular.

1 Na espectroscopia, as transições são expressas em número de onda ou cm^{-1}, e as energias correspondentes podem ser obtidas multiplicando por h · c.

$$H_2O_2 + C\ell O^- \rightarrow C\ell^- + H_2O + {}^1O_2.$$

O $^1O_2$ é muito reativo. Na ausência de reações, ele desaparece rapidamente, com emissão de luz avermelhada, por causa do decaimento do estado excitado para o estado fundamental. Reage com muitas moléculas, incluindo biológicas, provocando dano celular. Esse lado destrutivo encontra aplicações em processos conhecidos como fototerapia dinâmica, em que $^1O_2$ é gerado no local, por meio da aplicação de luz laser, para destruir células cancerígenas.

O nitrogênio molecular constitui um gás incolor, inodoro e diamagnético. A distância interatômica muito curta, 0,110 nm e sua elevada energia de dissociação, 954 kJ/mol são consistentes com o caráter de tripla ligação previsto pela teoria dos orbitais moleculares. A elevada energia de dissociação, assim como a grande separação energética entre o último orbital cheio e o orbital vazio de menor energia, são responsáveis pela baixa reatividade da molécula.

O ozônio (*ozo* = cheiro, em grego) é uma forma alotrópica do oxigênio, com três átomos ligados em ângulo de 116,8° e distâncias interatômicas equivalentes, de 0,128 nm, superiores à esperada para uma ligação simples. A angularidade da molécula expressa bem a importância da repulsão entre o par eletrônico isolado no átomo central e os elétrons das ligações. A ligação na molécula pode ser descrita em termos de duas ligações com orbitais híbridos sp^2 de cada oxigênio, sendo que os três orbitais p de simetria podem ser combinados formando uma ligação deslocalizada. Esse tipo de distribuição leva a uma ordem de ligação 1,5, como representado na estrutura de Linnett:

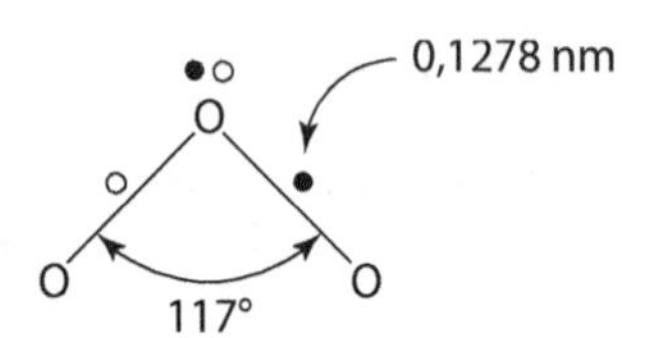

O ozônio no estado líquido (ponto de ebulição –111,9 °C) é azul escuro, e no estado sólido (ponto de fusão –192,5 °C) tem cor violeta escura. Absorve luz ultravioleta, atuando como um filtro solar, reduzindo a incidência de radiações letais para os seres vivos.

Obtenção

No laboratório, o oxigênio pode ser obtido por vários processos, como a eletrólise da água e a decomposição de oxicompostos de número de oxidação alto, como $KC\ell O_4$ e $KMnO_4$:

$$2KC\ell O_4 \xrightarrow[\Delta]{} 2KC\ell + 3O_2 \qquad (T = 400\ °C)$$

$$2KMnO_4 \xrightarrow[\Delta]{} K_2MnO_4 + MnO_2 + O_2 \qquad (T = 220\ °C).$$

O nitrogênio molecular pode ser gerado no laboratório pela decomposição de sais de amônio:

$$NH_4NO_2 \xrightarrow[\Delta]{} N_2 + 2H_2O$$

$$(NH_4)_2\ Cr_2O_7 \xrightarrow[\Delta]{} N_2 + Cr_2O_3 + 4H_2O$$

ou pela decomposição térmica de azotetos, como o NaN_3, usado nos sacos infláveis de proteção em veículos:

$$2NaN_3 \xrightarrow[\Delta]{} 2Na + 3N_2.$$

Na indústria, o oxigênio e o nitrogênio estão entre os dez produtos de maior consumo, ambos em torno de 20×10^6 toneladas cada, em todo o mundo. A fonte dos elementos é o ar atmosférico. A obtenção em escala industrial é feita pela destilação fracionada do ar liquefeito, como ilustrado na Figura 2.10. Nesse processo, ainda se obtém os gases nobres Ne, Ar, Kr e Xe.

O ozônio, O_3, é obtido pela ação de descargas elétricas, ou radiação ultravioleta, sobre o oxigênio molecular.

$$\frac{3}{2}O_2 \rightarrow O_3 \quad \Delta H = +142{,}7\ \text{kJ mol}^{-1} \quad \Delta G = +163{,}2\ \text{kJ mol}^{-1}.$$

É termodinamicamente instável com respeito ao O_2, embora no estado gasoso, sua decomposição seja lenta na ausência de catalisadores ou radiação ultravioleta. No estado líquido ou sólido é altamente explosivo, decompondo-se em O_2. Em solução, decompõe-se em alguns segundos, em meio ácido, e mais lentamente em meio básico. O tempo de meia-vida em solução 1 mol L^{-1} de NaOH é da ordem de dois minutos.

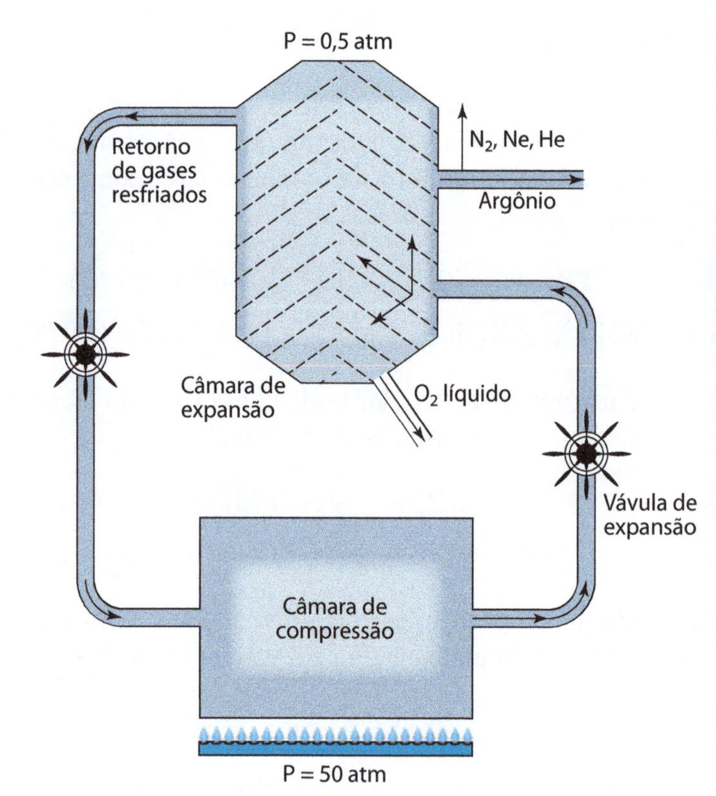

Figura 2.10
Esquema da destilação fracionada do ar. São utilizadas duas câmaras, uma sob alta pressão (por exemplo, 50 atm) e outra sob baixa pressão (por exemplo, 0,5 atm). O ar inicialmente é submetido a uma compressão (isotérmica) e depois a uma expansão que provoca seu resfriamento por meio do efeito conhecido como Joule-Thompson. O gás frio que sai da segunda câmara é usado para resfriar a primeira câmara, e o ciclo de compressão e expansão é repetido até a liquefação do O_2 (ponto de ebulição -183,0 °C) junto com Kr (-153,56 °C) e Xe (-108,06 °C) no fundo da coluna superior. O argônio se acumula no meio da coluna, de onde pode ser retirado. O N_2 se acumula na fase gasosa da coluna superior, com outros gases leves (He, Ne, H_2), e acaba se liquefazendo posteriormente, à medida que os ciclos são repetidos.

Aplicações

O oxigênio molecular é usado em ampla escala na fabricação de aço pelo processo Bessemer, e na oxidação do etileno a óxido de etileno usado na indústria petroquímica e de polímeros. O O_2 também é usado na produção do pigmento branco, TiO_2, a partir do $TiC\ell_4$.

$$TiC\ell_4 + O_2 \rightarrow TiO_2 + 2C\ell_2 \qquad T = 1.200\ °C.$$

O TiO_2 é um dos melhores pigmentos brancos conhecidos, sendo usado em ampla escala em tintas e no papel. Uma característica interessante do TiO_2 é o fato de ser um semicondutor com alta separação energética entre a banda eletrônica cheia (ou banda de valência) e a banda vazia (banda de condução). Na presença de luz ultravioleta ou de um corante apropriado, é possível fazer a injeção de elétrons na banca de condução do TiO_2, e obter fotocorrente. Por isso, esse material está sendo usado atualmente na construção de células fotoeletroquímicas voltadas para a conversão de energia luminosa em eletricidade.

O nitrogênio é relativamente inerte em virtude de sua elevada energia de ligação. É utilizado principalmente na forma gasosa, sendo disponível em cilindros de gás comprimido, para uso em atmosfera inerte de processos siderúrgicos, eletrônica, e processos químicos em geral. Cerca de 10% é usado como líquido criogênico, para conservação de alimentos, bancos de sêmen, e trabalhos em baixas temperaturas, em geral.

Enxofre, Selênio e Telúrio

Enxofre

O enxofre apresenta inúmeras formas cristalinas ou amorfas, constituindo anéis com 6, 8, 10 ou 12 átomos ou cadeias S_n. A forma mais comum consiste de anéis S_8, cujos átomos estão dispostos segundo uma coroa, que é encontrada com estruturas ortorrômbica ou monoclínica, sob a forma de cristais amarelos de enxofre. (Figura 2.11) Essas variedades são solúveis em solventes de baixa polaridade, como o CS_2.

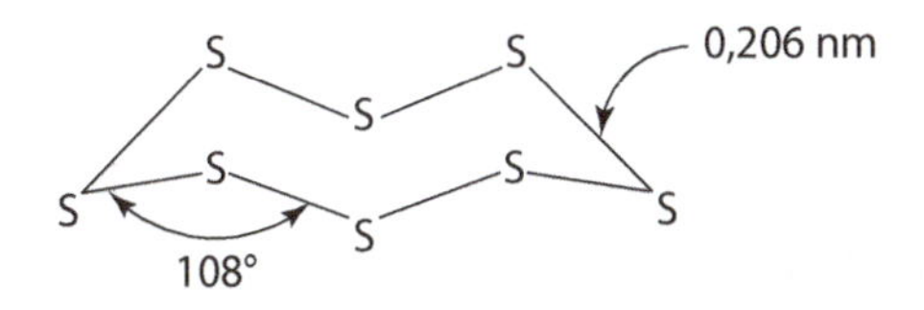

Figura 2.11
Critais de enxofre (S_8).

O aquecimento do enxofre, até além do ponto de fusão, conduz a um líquido amarelo transparente que se torna cada vez mais viscoso, pois os anéis S_8 vão sendo rompidos, levando à formação de cadeias S_n, mediante a união das extremidades livres. Isso acarreta um aumento de viscosidade, cujo máximo se dá em 200 °C, quando n atinge o valor máximo, estimado em 5-8 × 10^5 átomos. Após essa temperatura, as cadeias vão se rompendo em unidades menores, com diminuição progressiva da viscosidade, até que acima de 250 °C, acabam formando espécies do tipo S_4 e S_3, dando ao líquido, uma coloração vermelha, característica. A formação de S_2 (forma equivalente ao O_2) só é observada em fase gasosa, em temperaturas acima de 1.000 °C.

Quando o enxofre em fusão, por exemplo, a 160 °C, é despejado rapidamente em água fria, forma-se uma massa com aspecto plástico. Esse material pode ser estirado, produzindo fibras longas, contendo cadeias helicoidais de átomos de enxofre.

Obtenção e usos

O enxofre ocorre na natureza sob a forma elementar, ou sob a forma de sulfetos, H_2S, dissulfetos, por exemplo, FeS_2 (pirita), ou de sulfatos. As reservas mundiais de enxofre, provenientes de diversas fontes, distribuem-se da seguinte forma:

- gás natural = 690 × 10^6 ton.
- petróleo = 450 × 10^6 ton.
- nativo = 560 × 10^6 ton.
- pirita = 380 × 10^6 ton.

O enxofre nativo ocorre em algumas regiões do planeta, por exemplo, na Polônia, em profundidades de 150 a 750 m. Sua extração é feita pelo processo Frasch (Figura 2.12).

Nos gases naturais, o enxofre ocorre na forma de H_2S, e sua obtenção é feita pelo processo Claus, descoberto na Alemanha em 1880. Esse processo envolve as seguintes reações:

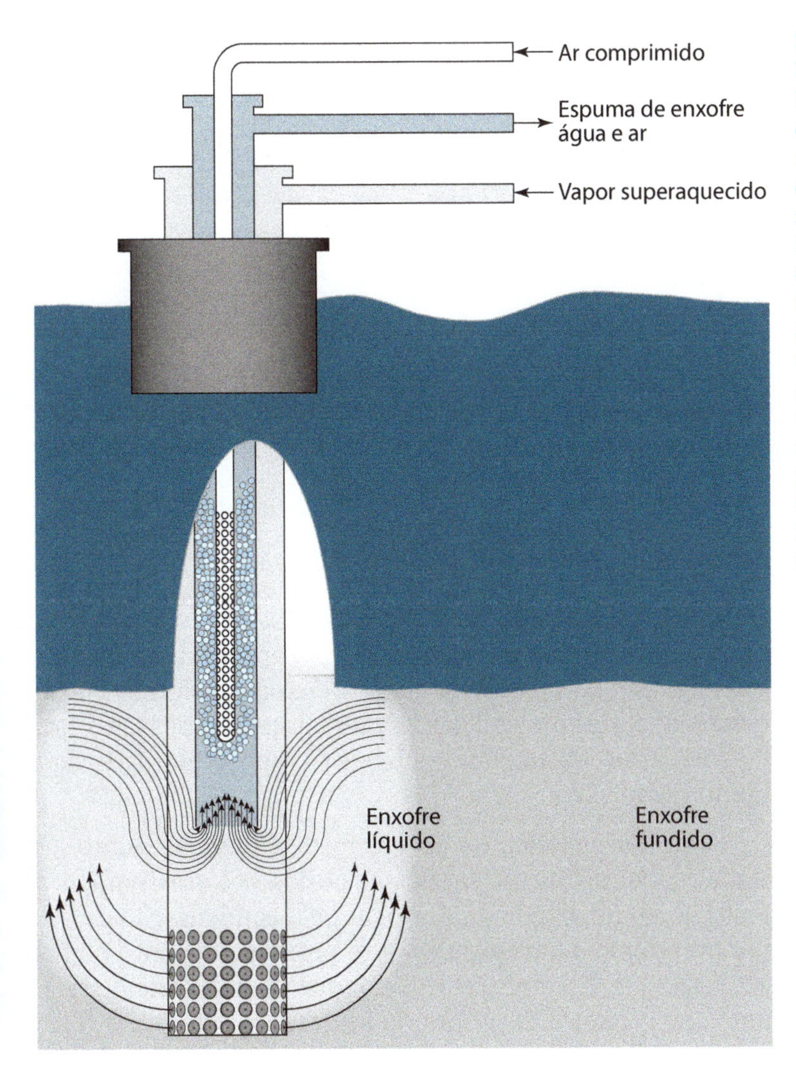

Figura 2.12
Ilustração do processo Frasch. Três tubos concêntricos são enterrados no solo até atingir o depósito. Em um deles se injeta vapor d'água superaquecido, para fundir o enxofre; no outro se introduz ar comprimido, que força a mistura de enxofre e água a passar pelo terceiro tubo. Por resfriamento, o enxofre se separa e apresenta alta pureza (> 99%). O processo Frasch contribui com cerca de 28% do enxofre utilizado industrialmente.

$$H_2S + \frac{3}{2}O_2 \rightarrow SO_2 + H_2O$$

$$2H_2S + SO_2 \rightarrow \frac{3}{8}S_8 + 2H_2O \qquad (T = 300\ °C).$$

Os minerais típicos de enxofre são: FeS_2 (pirita), MoS_2(molibdenita), WS_2 (tungstenita), Cu_2S (calcocita), ZnS (esfalerita), HgS (cinábrio), PbS (galena), e As_4S_4 (realgar). A obtenção a partir desses minerais pode ser feita por calcinação (ustulação) na ausência de ar:

$$FeS_2(s) \rightarrow FeS\ (s) + S(v) \qquad T = 1.200\ °C.$$

A queima, na presença de ar também é realizada para se obter SO_2 para a fabricação de ácido sulfúrico:

$$2FeS_2(s) + \frac{11}{2}O_2\ (g) \rightarrow Fe_2O_3(s) + 4SO_2\ (g)$$
$$\Delta H = -1.660\ kJ\ mol^{-1} \qquad (T = 800\ °C).$$

Aplicações

O enxofre é matéria-prima fundamental na indústria moderna, sendo usado em ampla escala na produção do ácido sulfúrico e na vulcanização da borracha.

Selênio e Telúrio

O selênio apresenta várias formas estruturais: a forma monoclínica, vermelha (Figura 2.13), apresenta anéis Se_8 semelhantes ao observado para o enxofre; a forma cinza, metálica, apresenta cadeias helicoidais poliméricas, e a forma vítrea, preta, também polimérica, apresenta estrutura muito complexa.

A forma metálica do Se é a mais estável do ponto de vista termodinâmico, e pode ser obtida pelo resfriamento lento do Se no estado de fusão ou pela condensação de vapor de selênio a uma temperatura próxima do ponto de fusão (220 °C). É a única forma condutora de eletricidade, e que ainda apresenta propriedades fotocondutoras. O telúrio tem apenas uma forma cristalina conhecida, semelhante à do selênio metálico. Os pontos de fusão e de ebulição são 450 °C e 990 °C, respectivamente.

Aplicações

O Se é usado na tecnologia de vidro, principalmente como agente de descoloração, na proporção típica de 0,1 kg por tonelada de vidro. Em concentrações dez vezes maiores, produz vidros rosados. Na forma de pigmento misto de Cd(S, Se) proporciona coloração vermelha intensa a vidros e esmaltes cerâmicos. Outra aplicação com base em suas propriedades fotocondutoras está nos dispositivos fotocopiadores como o Xerox inventado, em 1934. Nesses dispo-

Figura 2.13
Selênio em pó (direita) e tubo de alumínio revestido com filme fino de selênio de tonalidade violeta para uso em fotocopiadoras.
Fonte: Coleção particular do autor.

sitivos se usa um filme de selênio (Figura 2.13) recobrindo um cilindro de alumínio. A luz incidente sobre o material a ser copiado acaba atingindo o filme de selênio, que fica eletrizado positivamente pela liberação de elétrons para o cilindro de alumínio. As partículas de toner são atraídas pelas cargas elétricas do selênio, formando uma imagem na superfície, que pode ser transferida para o papel sob pressão do cilindro giratório. Um ligeiro aquecimento permite consolidar a imagem no papel. O filme de selênio retorna para o uso, após passar por limpeza com material absorvente.

Fósforo

O fósforo apresenta uma variedade de formas alotrópicas e cristalinas. No estado líquido, todas elas se convertem na forma molecular P_4, com arranjo tetraédrico, (distância P—P = 0,225 nm). Esse arranjo, com ângulos internos de 60°, acarreta uma tensão interna, estimada em 96 kJ mol^{-1}.

P P P P 0,225 nm 60°

Fazendo-se a condensação dos vapores de P_4, resulta um sólido com aspecto graxo, conhecido como fósforo branco. Essa variedade, designada por α-P_4, apresenta uma densidade de 1,82 g cm^{-1}, e é a forma mais reativa e a menos estável termodinamicamente. É insolúvel em água, porém extremamente solúvel em CS_2(880 g de P/100 g CS_2) e em solventes como benzeno. Funde-se a 44 °C. É altamente tóxico; a dose fatal, por ingestão, é de 50 mg. Inflama-se espontaneamente em ar úmido, com muita liberação de energia.

$$P_4 + 5O_2 \rightarrow P_4O_{10} \qquad \Delta H = -2.971 \text{ kJ mol}^{-1}.$$

Fazendo-se o aquecimento do fósforo branco, em torno de 300 °C, na ausência de ar, por vários dias, resulta um sólido amorfo, vermelho, mais denso (d = 2,16 g cm^{-3}), cujo ponto de fusão é ao redor de 600 °C. Essa forma é menos reativa, mais segura e menos tóxica. A estrutura é polimérica e tem origem na quebra de uma ligação P—P na unidade P_4, possibilitando a formação de cadeias.

O fósforo negro constitui a forma mais estável do elemento, e apresenta várias formas cristalinas. Sua maior densidade, por exemplo, 3,88 g cm^{-3} para a forma cúbica, reflete um maior grau de polimerização em relação aos demais tipos.

Ocorrência, obtenção e usos

O fósforo é encontrado principalmente na forma de fosfatos minerais, como as apatitas $3Ca_3(PO_4)_2 \cdot CaX_2$ (X = Cℓ, F), de onde são extraídas comercialmente.As maiores jazidas encontram-se nos Estados Unidos e no norte do continente africano. O fosfato é um nutriente essencial para os sistemas biológicos, participando da estrutura óssea sob a forma de hidroxiapatita, $Ca_{10}(PO_4)_6(OH)_2$ e da composição de moléculas como ATP, onde existe um grupo trifosfato, $(P_3O_9)^{3-}$ ligado ao açúcar + base nucleica. A hidrólise de um terminal fosfato libera 30 kJ mol^{-1} de energia. O grupo fosfato também tem papel essencial na estrutura do DNA.

O elemento pode ser obtido por meio da redução dos fosfatos com carvão, na presença de sílica, em fornos elétricos:

$$2Ca_3(PO_4)_2(s) + 6SiO_2(s) + 10\,C(s) \xrightarrow[\Delta]{} P_4(g) + 6CaSiO_3(s) + 10CO\,(g)(T = 1.400\ °C).$$

Os vapores de P_4 são condensados sob água, para evitar a combustão espontânea na presença de ar. Em razão da presença de fluoreto nos minérios também se forma SiF_6, que pode ser aproveitado por tratamento com Na_2CO_3, para formar Na_2SiF_6, empregado na fluoretação da água potável.

Mais de 80% da produção do fósforo elementar destina-se à fabricação de ácido fosfórico puro; o restante é usado na obtenção de sulfetos de fósforo(P_4S_3, P_4S_{10}), cloretos e compostos organofosforados. O palito de fósforo também faz uso de fósforo ou derivados. Na composição do *fósforo americano* entram: $KC\ell O_3$ (20%) e P_4S_3 (9%) como reagentes; pó de vidro (14%), Fe_2O_3 (11%), ZnO (7%) como diluentes; cola (10%) e água (29%) como adesivo. Para acender, o palito pode ser atritado contra um abrasivo qualquer. Na composição do palito de *fósforo de ignição fácil* entram: P branco, enxofre e $KC\ell O_3$. No *fósforo de segurança* usa-se $KC\ell O_3$ no palito e na caixa, sendo a cobertura feita por fósforo vermelho (49,5%), Sb_2S_3 (27,6%), Fe_2O_3 (1,2%) e goma arábica (21,7%).

Arsênio, Antimônio e Bismuto

O arsênio, o antimônio e o bismuto existem em várias formas alotrópicas. O arsênio cinza, de aspecto metálico, é a forma mais estável desse elemento. Não é maleável e sua resistividade elétrica relativamente alta (33 μOhm cm^{-1}), em conjunto com suas propriedades químicas, o distingue de um metal típico, sendo por essa razão classificado como não metal.

O antimônio e o bismuto também apresentam uma forma estrutural análoga à do arsênio, além de grande variedade de estruturas cristalinas. São metais de alta resistividade (Sb, 41 μOhm cm^{-1}; Bi, 120 μOhm cm^{-1}), comparáveis à liga níquel–crômio (100 μOhm cm^{-1}), porém de baixo ponto de fusão (Sb = 630 °C; Bi = 271 °C).

Tanto o arsênio como o antimônio encontram aplicações na microeletrônica. O arsênio também entra na composição de defensivos agrícolas. O antimônio é utilizado na formação de ligas com chumbo, principalmente em placas de acumuladores.

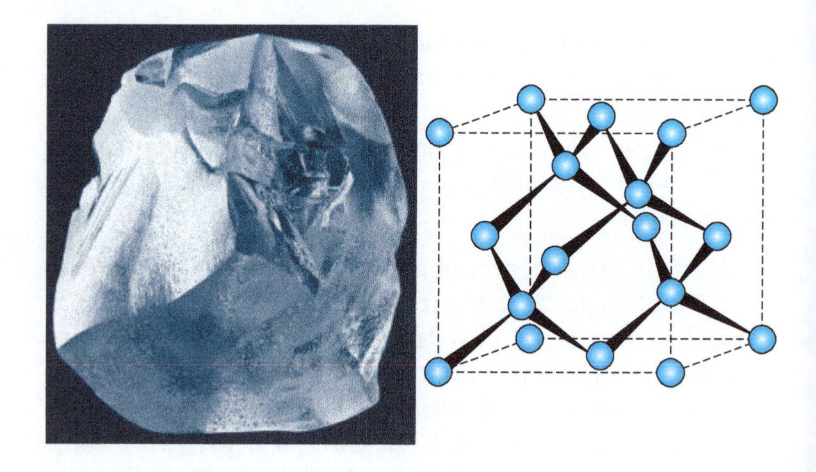

Figura 2.14
Cela unitária do diamante. Na foto, um cristal bruto de diamante.

Carbono, Silício, Germânio e Estanho

O carbono apresenta uma variedade de formas alotrópicas, das quais a grafite e o diamante são as mais conhecidas. O silício e o germânio apresentam estruturas tetraédricas semelhantes à do diamante, ao passo que o estanho apresenta uma forma cinza ou α, tetraédrica, e outra forma, metálica, conhecida como β.

Diamante

O diamante é uma forma muito densa de carbono (3,51 g cm^{-3}), e é um dos sólidos mais duros já conhecido. A estrutura consiste de átomos de carbono ligados entre si em arranjo tetraédrico, como na Figura 2.14.

O comprimento da ligação C—C é igual a 0,154 nm, consistente com uma ligação simples, sp^3-sp^3. Existem algumas variedades estruturais de diamante, com diferentes disposições dos tetraedros de carbono na cela unitária.

Em virtude de sua maior densidade, a estabilidade do diamante é favorecida sobre a da grafite sob altas pressões. Assim, partindo-se da grafite, em temperaturas de 1.500 a 2.500 °C e pressões de 50 a 100 kbar (1 bar = 0,987 atm = 14,5 psi), utilizando materiais extremamente duros, como carbeto de tungstênio (WC), na presença de catalisadores metálicos como Cr, Mn, Fe, Co e Ni, é possível efetuar a síntese de diamantes. Nessas condições o metal se funde, dissolvendo a grafite; e o carbono cristaliza em alguns minutos, na forma de diamante sintético com até 1 mm de diâmetro. Outro processo utiliza a deposição de vapores químicos (CVD = chemical vapor deposition). Em um desses processos, uma mistura de CH_4 e $C\ell_2$ passa sobre uma superfície aquecida (300 °C) recoberta com microcristais de diamante, gerando produtos como $HC\ell$ e C em escala atômica que acaba se incorporando à superfície, levando ao crescimento de cristais de diamante. Esse processo se apresenta como uma boa opção na produção de diamantes sintéticos.

O diamante, além de ter valor especial como brilhante, também é empregado industrialmente em ferramentas de corte, polimento e na indústria eletrônica. Na área industrial, os diamantes sintéticos têm maior demanda em relação aos naturais, pelo menor custo e pelo excelente desempenho.

Grafite

Nessa família de elementos, a grafite tem uma estrutura peculiar, formada por ligações sp^2-sp^2, no plano de anéis hexagonais, e por ligações π deslocalizadas, formadas pela interação dos orbitais p puros, como no benzeno. Esses orbitais p também interagem, embora mais fracamente, com os orbitais p de átomos localizados nos planos vizinhos, formando uma ligação interlamelar (Figura 2.15). As ligações no plano apresentam comprimento de 0,141 nm, consisten-

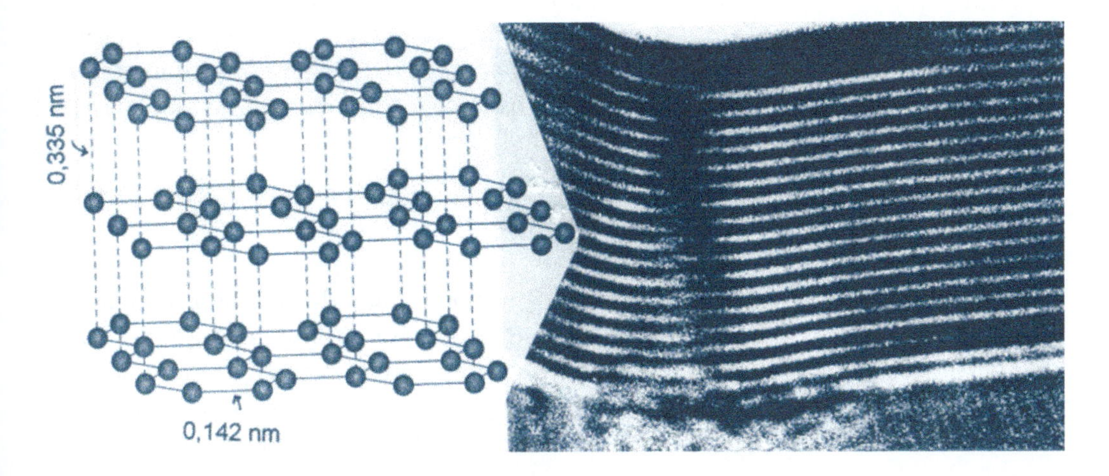

Figura 2.15 Representação da estrutura do grafite e visualização das lamelas de carbono, por meio de microscopia eletrônica de varredura.

te com uma ordem de ligação de 1,33. A distância interplanar é de 0,335 nm. Isso é mais que o dobro da distância de ligação no plano, indicando que a interação interlamelar é bem mais fraca.

A densidade da grafite é igual a 2,22 g cm^{-3}. A estabilidade termodinâmica da grafite é 2,9 kJ mol^{-1} maior que a do diamante.

A grafite é produzida por vários países, como China, Rússia, Coreia, Índia, México e Brasil. Em grande parte, é extraída de minas e beneficiada por diversos métodos. A grafite também tem sido obtida industrialmente, por tratamento térmico e químico das várias formas de carbono (carvão, negro de fumo, coque). As aplicações da grafite derivam de sua consistência mole, baixa densidade, facilidade de formar lâminas, estabilidade térmica, resistência química, alta condutividade elétrica e térmica. Cerca de 80% da grafite produzida no mundo são utilizadas para trabalhos em altas temperaturas, em altos-fornos e reatores nucleares. A grafite também é empregada na confecção de eletrodos, contatos elétricos e na fabricação de lápis.

Recentemente, novas formas de carbono com formato de esferas (fullerenos), nanotubos e filmes nanométricos (grafenos) têm tido grande destaque na ciência.

O grafeno, apesar de ter sido descoberto mais recentemente, corresponde a uma forma bidimensional da grafite. Como pode ser visto na Figura 2.16, ele se apresenta como planos hexagonais de carbono, semelhante aos encontrados na grafite. Seus descobridores, André Geim e Konstantin Novoselov, a extraíram da grafite usando uma simples fita adesiva. A recompensa foi imensa: eles receberam o Prêmio Nobel de Física de 2010. De fato, os grafenos são os condutores mais finos que se conhece e terão ampla aplicação na eletrônica do futuro.

Fullerenos

Os fullerenos formam uma família de alótropos de carbono de cadeia esférica, descobertos no final dos anos 1980. A análise das ondas de rádio vindas do espaço sideral já havia indicado a existência de moléculas de carbono com muitas ligações duplas conjugadas. A possibilidade de que essas

Figura 2.16
Representação estrutural do grafeno.

moléculas fossem formas condensadas do carbono expelido pelas estrelas levou a experimentos de irradiação da grafite com raios laser, acoplado a um espectrômetro de massa. A análise do material vaporizado mostrava a existência de picos correspondentes a espécies C_{60} predominando sobre uma distribuição muito ampla de pesos moleculares.

Esses experimentos foram aperfeiçoados utilizando um sistema de descargas elétricas com eletrodos de grafite, com tensões e amperagens elevadas. A fuligem resultante, após extração com solventes, mostrou a existência de altos teores da espécie C_{60}, que podia ser isolada em forma pura. A estrutura desse material, revelou um formato esférico ou de bola de futebol, com faces pentagonais e hexagonais interligadas, (Figura 2.17), como na cúpula arquitetônica projetada por Buckminster Fuller, na Inglaterra. O nome foi inspirado nessa comparação. Outras composições, por exemplo, com n = 70, chegando até 540, já foram isoladas.

Os fullerenos apresentam estruturas cíclicas com alta deslocalização eletrônica, como na grafite, e admitem várias formas cristalinas. Em condições normais, apresentam baixa dureza. As inúmeras descobertas que vêm sendo descritas sobre os fullerenos têm proporcionado um campo muito amplo de estudo e de aplicações para essa variedade

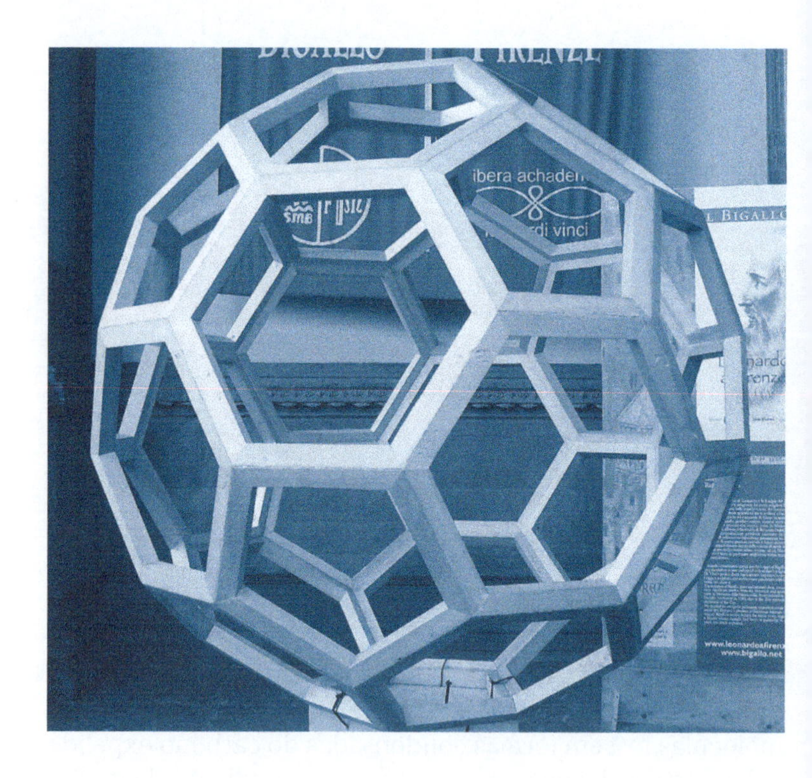

Figura 2.17
Fullereno: montagem artística exposta em praça pública, em Florença.
Fonte: Foto do autor.

alotrópica de carbono, que permaneceu tanto tempo desconhecida da ciência.

Nanotubos de carbono

Os nanotubos de carbono (Figura 2.18) são estruturas cilíndricas com diâmetros de alguns nanômetros e comprimentos variáveis, chegando a formar fios, como na Figura 2.19. Eles apresentam anéis hexagonais semelhantes aos observados nos grafenos e podem ser pensados como sendo derivados do seu enrolamento. De acordo com a orientação, o enrolamento pode levar a alguma defasagem nos anéis hexagonais, gerando materiais com diferentes propriedades elétricas. Podem apresentar uma única parede ou formar duas ou várias paredes concêntricas. Seu interesse tecnológico é muito grande por causa de sua condutividade térmica e elétrica elevada, e excepcional resistência mecânica e leveza. Têm grande potencial de uso na eletrônica e na fabricação de materiais combinando alta resistência mecânica e leveza.

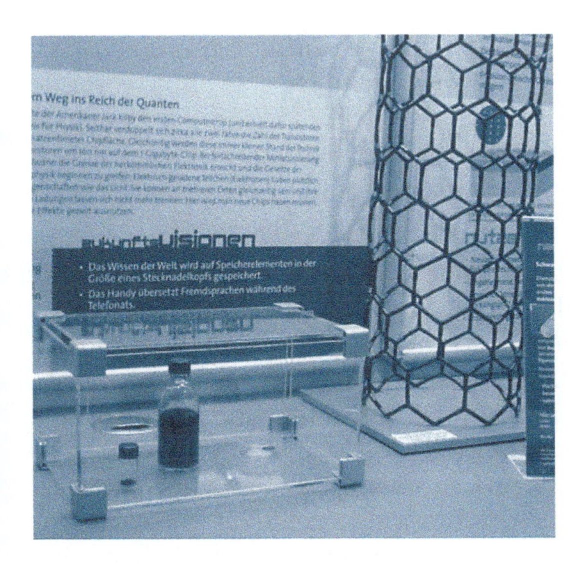

Figura 2.18
Nanotubos de carbono (pó preto no frasco menor) e em suspensão em tolueno (frasco maior); à direita uma montagem estrutural mostrando os anéis hexagonais.
Fonte: Foto tirada pelo autor na exposição itinerante de nanotecnologia em Karlsruhe, Alemanha.

Além do diamante, da grafite, dos grafenos, dos fullerenos e dos nanotubos, que são formas quimicamente definidas, existem grande variedade de formas de carbono, incluindo as naturais: carvão (antracito, hulha) e as sintéticas, por exemplo, negro de fumo, carvão ativado, carbono pirolítico e carbono vítreo. O carvão natural provém da

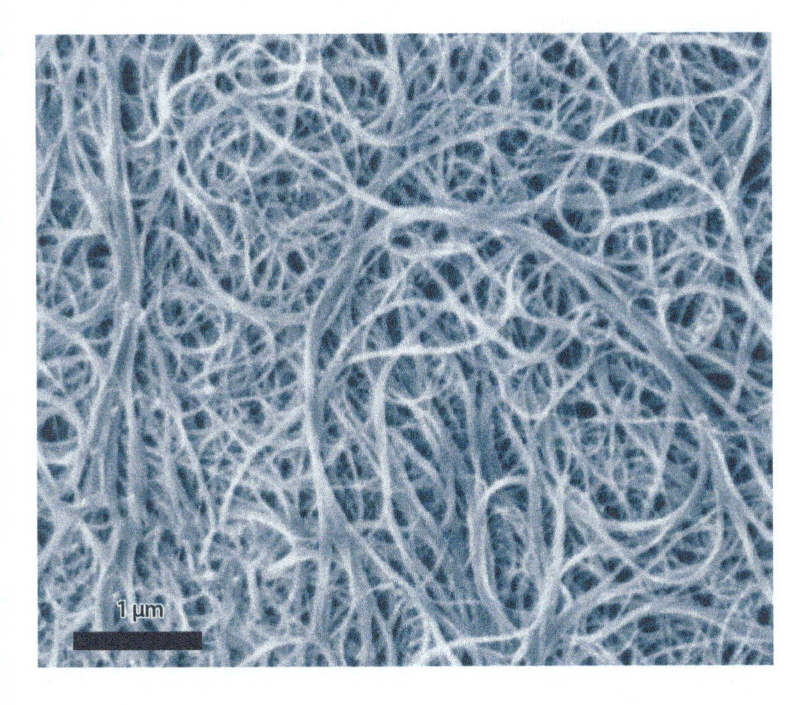

Figura 2.19
Fios de nanotubos de carbono, vistos por meio da microscopia eletrônica de varredura.

transformação natural da biomassa em altas profundidades, e tem composição variável, geralmente com altos teores de enxofre. Na indústria siderúrgica, o carvão é processado termicamente para remoção de produtos leves (produtos da carboquímica), convertendo-se no coque, que já é levemente grafítico, para uso nos altos-fornos.

O negro de fumo, (*carbon black*), corresponde a fuligem formada pela *combustão incompleta de hidrocarbonetos utilizando pouco oxigênio.* Esse produto é muito fino, com partículas de 10 a 500 nm que se agrupam aleatoriamente formando agregados com a forma de cachos. A área superficial situa-se em torno de 10-500 m^2/g. Seu principal emprego está na fabricação de pneus (93% da produção). O negro de fumo atua como carga, melhorando as propriedades mecânicas e a resistência da borracha. Estima-se que cada pneu utilize 3 kg de C em sua fabricação. Outra aplicação, como pigmento negro em tintas, já data de vários milênios. A produção mundial é estimada em torno de 6,3 milhões de toneladas/ano. No Brasil, a produção situa-se em torno de 250 mil toneladas/ano. No futuro, o negro de fumo deverá sofrer concorrência com outros materiais derivados de sílica e silanos, já usados em pneus que suportam temperaturas mais altas e apresentam maior desempenho, com economia de combustível (daí a designação verde).

O *carvão ativado* é um produto sintético de alta área superficial (300 a 2.000 $m\ g^{-1}$), obtido pela desidratação química de pó de madeira com ácido fosfórico ou $ZnC\ell_2$ (proporção de 1 a 3 partes de $ZnC\ell_2$ para cada parte de serragem), aquecidos entre 400 a 700 °C, seguido por lavagem exaustiva para remover o agente ativador, e secagem. O carvão ativado é empregado em processos de descoloração de produtos naturais, como açúcares, óleos e bebidas, no tratamento da água, em filtros para gases e na purificação do ar.

As *fibras de carbono* são obtidas pela degradação térmica de polímeros que não fundem, como celulose, algodão, poliacrilonitrila, lã etc., primeiro, por aquecimento a 300 °C e, depois, a 1.000 °C, na ausência de ar. As fibras de maior interesse são anisotrópicas, com cadeias grafíticas em fitas. A qualidade depende muito do material empregado. As fibras podem ser usadas para confecção de tecidos e redes termorresistentes, e como reforço em plásticos, produzindo materiais extremamente leves e resistentes usados na aviação, carros e barcos e na fabricação de materiais esportivos. Um Boeing 767 utiliza cerca de uma tonelada de fibras de carbono.

Silício

Depois do oxigênio (45%), o silício (Figura 2.20) é o elemento mais abundante da crosta terrestre (27%), na qual ocorre na forma de silicatos e quartzo (SiO_2). O elemento foi isolado pela primeira vez por Berzelius, em 1823, por meio da redução de K_2SiF_6, com potássio no estado de fusão.

O silício cristaliza como uma estrutura de diamante, com uma distância Si—Si igual a 0,235 nm. O ponto de fusão é de 1.420 °C, e o de ebulição situa-se em torno de 3.280 °C. A densidade dessa única variedade alotrópica conhecida para o silício é de 2,336 g cm^{-3} a 20 °C. O elemento é um semicondutor com tonalidade azul-cinza e brilho metálico. Sua estrutura e propriedades eletrônicas serão discutidas em conjunto com outros sistemas sólidos, nos quais se aplica bem o modelo de banda.

O Si no estado sólido é relativamente pouco reativo; contudo, em estado líquido, reage facilmente, formando ligas ou silicetos com metais.

Figura 2.20
Silício em pó (no vidro) e cristais naturais de sílica (SiO_2).
Fonte: Coleção particular do autor.

Obtenção e usos

Silício - Grau metalúrgico

Sua produção comercial, com 96% a 99% de pureza, destina-se a fins metalúrgicos, e é feita em fornos elétricos operando acima de 1.700 °C. A reação envolve a redução com carvão:

$$SiO_2 + 2C \underset{\Delta}{\rightarrow} Si + 2CO(g).$$

A produção mundial excede 500 × 10^3 toneladas por ano. Quando a reação ocorre na presença de ferro fundido, obtém-se uma liga ferrossilício com teores de Si variando de 10% a 90%. Essa liga é utilizada na fabricação do aço.

No processo o SiO_2 deve estar em excesso, caso contrário ocorre a formação do carbeto de silício, SiC, que é outro material muito útil como abrasivo e refratário:

$$SiO_2 + 3C \rightarrow SiC + 2CO(g).$$

O SiC foi descoberto no final do século passado e comercializado com o nome *carborundum*, pelo fato da sua dureza, igual a 9,5 na escala de Mohs (escala de dureza de 1 a 10 tendo como máximo o diamante), situar-se entre o diamante (carbono) e o *corundum* (alumina). O SiC em estado puro não apresenta coloração; entretanto, é quase sempre encontrado com cor escura por causa das impurezas de carbetos metálicos no seu interior.

O Silício com grau de pureza metalúrgico também é usado na indústria química para a produção de siliconas, em níveis superiores a 150 × 10^3 toneladas/ano.

Silício - Grau eletrônico

O silício para uso na eletrônica (Figura 2.21) deve apresentar um nível de pureza superior a 99,999%. A presença de 1 ppb (parte por bilhão) de P é suficiente para reduzir a resistência do silício no grau eletrônico de 150 para 0,1 kΩ cm. O processo comercial usado atualmente foi desenvolvido pela Siemens em 1953, e é muito interessante como exemplo da exploração da reversibilidade química para fins sintéticos.

Figura 2.21
Cilindro de silício monocristalino.

A primeira etapa consiste na reação de Si grau metalúrgico com $HC\ell$:

$$Si(s) + 3HC\ell(g) \rightarrow SiHC\ell_3(g) + H_2(g) \qquad T = 300\ °C.$$

Essa etapa é dirigida por uma variação negativa de entalpia, visto que a variação de entropia é negativa, ou seja, $\Delta S < 0$ (há uma diminuição no número de partículas).

O triclorosilano, $SiHC\ell_3$, formado é recolhido por condensação e submetido a uma série de destilações fracionadas para fins de purificação.

Em temperaturas elevadas, por exemplo, 1.000 °C, o fator $T\Delta S$ acaba tornando-se predominante, permitindo que a reação de síntese possa ser revertida, provocando a deposição do silício elementar.

$$SiHC\ell_3(g) + H_2(g) \rightarrow Si(s) + 3HC\ell(g) \qquad T = 1.000\ °C.$$

O silício obtido dessa maneira já é muito puro, e pode ser purificado ainda mais por meio de um processo de fusão em zona. Nesse processo, uma fonte de calor como um forno anular desloca-se lentamente ao longo do bloco de material provocando a fusão na região por onde passa. As impurezas, por serem mais solúveis no líquido em fusão, são arrastadas para a extremidade que depois é separada do material puro. Finalmente, o silício altamente puro é submetido a um processo de cristalização, conhecido como Czochralski, que consiste na fusão do elemento seguido pelo crescimento gradual de cristais a partir de pequenas amostras suspensas no líquido, que servem de núcleos de germinação. O controle da temperatura e das correntes de convecção no silício fundido deve ser extremamente rigoroso, para diminuir a ocorrência de imperfeições no cristal.

Germânio

O germânio forma cristais com brilho metálico, cinza, (Figura 2.22) e apresenta estrutura de diamante, com distância Ge—Ge igual a 0,244 nm. Sua obtenção é feita a partir do GeO_2 e das cinzas do carvão mineral, ou das cinzas do processamento térmico de minérios de zinco. O elemento pode ser obtido pela redução do GeO_2 com carvão, ou com hidrogênio, a 500 °C, e purificado, como no caso do Si.

O Ge é produzido em escala de centenas de toneladas por ano, e é importante na indústria eletrônica e óptica, entrando na fabricação de fibras ópticas e de janelas ópticas na região do infravermelho, em virtude de sua transparência nessa região do espectro eletromagnético.

Figura 2.22
Cristais de germânio.
Fonte: Coleção particular do autor.

Estanho

O estanho já é bem diferente do Si e do Ge, por ter propriedades metálicas mais acentuadas, principalmente na forma β, tetragonal, que é a mais estável. Existe também a variedade α, tetraédrica, de cor cinza e com características não metálicas, cuja estrutura é semelhante à do diamante. Essas duas formas (Figura 2.23) coexistem em equilíbrio na temperatura de transição de 13,2 °C, sendo a forma α ou não metálica, mais estável a baixas temperaturas. Assim, objetos de estanho mantidos em temperaturas baixas podem tornar-se opacos e até serem convertidos em pó, por transição de fase. O processo é lento, e, uma vez iniciado, acaba se espalhando pelo material. Por essa razão, o objeto afetado deve ser separado dos demais, para evitar que a chamada "doença do estanho" se alastre. Esse fato serviu de inspiração para o livro *Os botões de Napoleão*, de P. Lc Couter e J. Burreson (2003), no qual se comenta a derrota das tropas e sua possível relação com a desintegração dos botões de estanho usados nos uniformes dos soldados, após um rigoroso inverno.

O elemento pode ser obtido por redução do óxido com carvão:

$$SnO_2 + 2C \rightarrow Sn + 2CO.$$

Sua maior aplicação está na fabricação de ligas como o bronze (Cu—Sn), soldas e utensílios ornamentais, como

Figura 2.23
Estanho metálico em barra e estanho cinza (pó).
Fonte: Coleção particular do autor.

o *pewter*, usado nos candelabros e objetos de decoração. Outra importante aplicação está nas folhas de flandres, que são lâminas de ferro ou aço revestidas por estanho, com as quais se fabrica a lata.

Boro

O boro é um elemento cuja química é muito rica, principalmente em virtude da complexa variedade estrutural que apresenta em seus compostos. A complexidade estrutural é, sem dúvida, um reflexo da deficiência eletrônica do elemento, que necessita de cinco elétrons para completar o nível de valência. Normalmente, nessa situação, um comportamento metálico poderia ser esperado para o boro; isso só não se verifica por causa da elevada energia de ionização e do pequeno tamanho, que favorecem a formação de ligações covalentes. As ligações no boro não são convencionais, predominando as tricêntricas, nas quais três orbitais compartilham o mesmo par eletrônico. Esse fato reflete alguma da influência de natureza metálica em seu comportamento. A forma alotrópica mais simples para o boro é a α-romboédrica, constituída por icosaedros regulares de boro, como na Figura 2.24. O boro apresenta um ponto de fusão de 2.030 °C, e um índice de dureza de 9,3 na escala de Mohs.

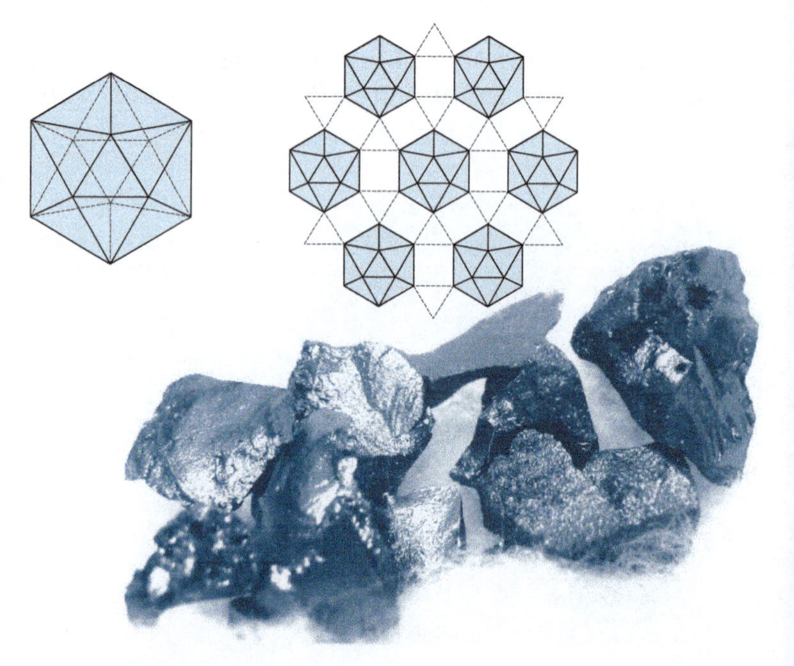

Figura 2.24
Cristais de boro e estrutura atômica mostrando os arranjos de icosaedros interligados.
Fonte: Coleção particular do autor.

A visualização dos icosaedros de boro não implica a existência de ligações entre os átomos, da maneira convencional, por pares eletrônicos, formando o poliedro regular. Na realidade, os 36 elétrons existentes para cada unidade B_{12}, são distribuídos de maneira complexa no poliedro, permutando entre ligações bicêntricas e tricêntricas, ou seja, entre dois ou três átomos de boro, simultaneamente.

Obtenção e ocorrência

O boro é encontrado na forma de boratos em minerais como a turmalina e em depósitos naturais de borax, $Na_2B_4O_5(OH)_4 \cdot 8H_2O$. O elemento pode ser obtido em escala industrial, com pureza de 95% a 98%, por meio da redução pirotérmica do B_2O_3 com magnésio metálico, em processo semelhante ao da aluminotermia.

$$B_2O_3 + 3\,Mg \rightarrow 2B + 3MgO.$$

CAPÍTULO 3

ELEMENTOS METÁLICOS

Conforme discutido anteriormente, a complexidade molecular medida pelo número de ligações com os átomos vizinhos tende a crescer com a diferença 8-n, onde n é o número de elétrons de valência do elemento. No caso dos metais, esse número atinge o limite máximo, diminuindo a tendência de formação de ligações localizadas que definem as estruturas moleculares. De fato, a deslocalização eletrônica permite maximizar o compartilhamento dos elétrons entre os átomos vizinhos. Dessa forma, o melhor modelo que explica o comportamento eletrônico dos metais é o de bandas. O brilho metálico característico provém da facilidade com que os elétrons passam e retornam da banda de condução. Já a maleabilidade típica dos metais, bem como sua alta densidade, resultam do empacotamento regular dos átomos na rede cristalina.

O empacotamento dos átomos metálicos pode ser visualizado pelas diferentes formas de colocação de esferas idênticas no interior de uma caixa. Existem três possibilidades, representadas pelas estruturas cúbica de face centrada (cfc); hexagonal compacta (hc); e cúbica de corpo centrado (ccc), conforme pode ser visto na Figura 3.1.

Na estrutura cúbica de corpo centrado, o número de átomos vizinhos em torno do átomo central, é igual a 8.

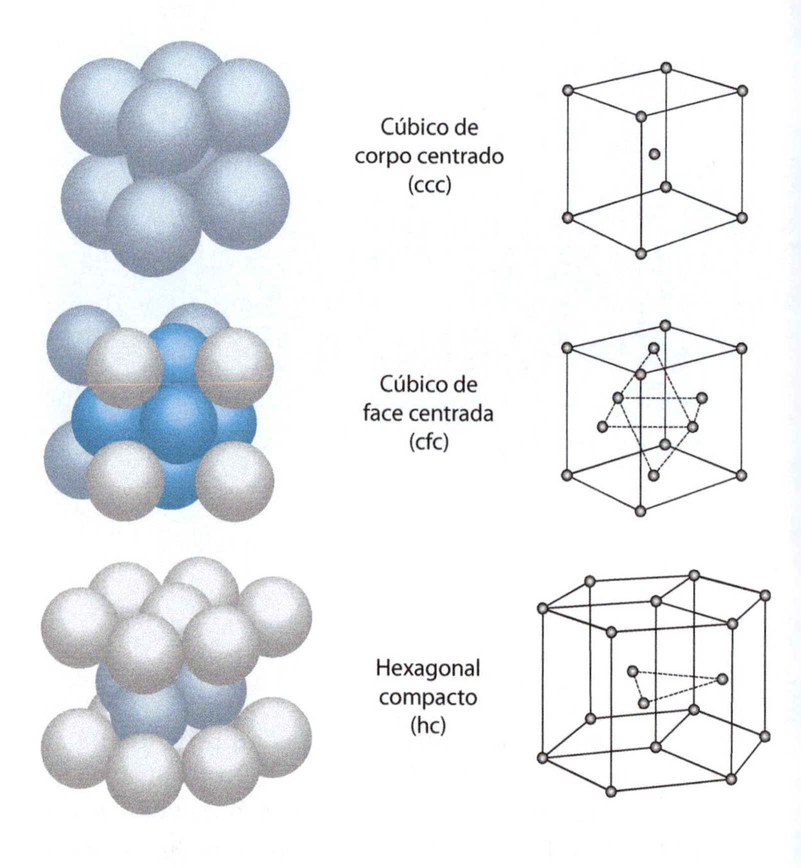

Figura 3.1
Estruturas de empacotamento do tipo ccc, cfc e hc encontradas nos metais.

Isso também é conhecido como número de coordenação. Nas estruturas cfc e hc o número de coordenação é 12. As variações estruturais para os diversos metais estão reunidas na Tabela 3.1 juntamente com as propriedades físicas correspondentes.

Os calores de atomização e os pontos de fusão dos elementos metálicos estão inter-relacionados, pois ambos expressam a força da ligação na rede metálica. Essas propriedades crescem para o centro da tabela periódica, como pode ser visto na Figura 3.2, sugerindo que a ligação metálica se torna mais forte para os elementos do centro (famílias do V ao Ni).

Pauling, e depois Engel e Brewer discutiram as ligações em termos da valência metálica, que seria equivalente ao número de elétrons (ou orbitais semipreenchidos) disponíveis para formar ligações. Essa abordagem, conhecida como teoria da ligação por valência (*valence bond theory*), faz uso dos átomos em estados apropriados (estados de valência) para a formação das ligações com outros átomos. Segundo essa abordagem, a valência metálica para os alcalinos (configuração ns^1) seria I, pois existe um único elétron em orbital disponível para formar ligações com outro átomo. Como exemplificado pelos metais alcalinos, refletindo uma baixa valência metálica, a energia média de ligação é relativamente pequena, conduzindo a pontos de fusão relativamente baixos, Para os alcalinoterrosos (ns^2) a valência metálica seria II, e para o alumínio seria III (ns^2np^1), supondo que a ligação química seria formada por meio da promoção dos elétrons s^2 para os orbitais p vazios, mais externos. Dessa forma, seriam gerados estados de valência com um elétron desemparelhado em cada orbital (ou seja, $s^2 \rightarrow s^1p^1$, e $ns^2np^1 \rightarrow ns^1np^2$), prontos para a formação de ligações químicas por compartilhamento.

Para os elementos de transição, cuja configuração pode ser escrita como $(n1)d^x ns^2$, quando $x = 1, 2, 3, 4$, as valências metálicas seriam respectivamente III, IV, V e VI (ou x + 2), envolvendo a promoção de um elétron s para um orbital d vazio, ou seja, $(n1)d^{x_0} ns^2 \rightarrow (n1)d^{x+1}ns^1$. No caso de x = 5, 6, 7, 8 e 9, a previsão da valência metálica já não é tão simples. Para x = 5 – 8 os calores de atomização e os pontos de fusão parecem indicar uma valência metálica em torno de VI, sugerindo a promoção seletiva de alguns elétrons dos orbitais s e/ou d para os níveis p mais externos. Para x = 9, os dados físicos sugerem que a valência metálica está mais próxima de V, ao passo que para x = 10, estaria mais próxima de II. Nesse último caso, a participação dos orbitais d deixaria de ser importante, de modo que a valência metálica II passaria a ser determinada exclusivamente pelos elétrons s^2. Apesar de ter um caráter aproximado, o raciocínio baseado nas valências metálicas se revela útil na racionalização das tendências de aumento dos calores de atomização e dos pontos de fusão dos metais, que caminham no sentido do centro da tabela periódica, ou seja, alcançando o máximo para os elementos de configuração $(n-1)d^4ns^2$ até $(n-1)d^8ns^2$.

Parece haver uma correlação entre o tipo de empacotamento cristalino e a natureza dos elétrons envolvidos na valência metálica. Quando a valência metálica tem caráter s^1, observa-se que os metais preferem adotar uma estrutura cúbica de corpo centrado (ccc), no qual o número de coordenação (ligação) é igual a 8. O aumento da participação dos orbitais p na ligação parece favorecer a ocorrência de estrutura hexagonal compacta (hc). Quando a participação dos orbitais p torna-se dominante, a estrutura cúbica de face centrada (cfc) tende a ser predominante. Na realidade, alguns metais admitem várias estruturas, e essa previsão deve ser feita com cautela, conforme pode ser visto na Tabela 3.1.

Tabela 3.1. — Estruturas e propriedades físicas dos elementos metálicos: primeira linha = valência metálica, na sequência vertical, energia de atomização (kJ mol^{-1}), pontos de fusão (°C), estruturas cristalinas (ccc = cúbico de corpo centrado, hc = hexagonal compacto, cfc = cúbico de face centrado)

I	II	III	IV	V	VI	VI	VI	VI	VI	V	II
Li 161 180 ccc	**Be** 324 1.283 hc										
Na 108 97,5 ccc	**Mg** 146 650 hc	**Aℓ** 326 660 cfc									
K 90 63,4 ccc	**Ca** 178 850 cfc ccc	**Sc** 376 1.539 hc ccc	**Ti** 468 1.725 hc ccc	**V** 514 ccc	**Cr** 397 ccc	**Mn** 284 1247 cfc ccc	**Fe** 415 1.535 ccc cfc	**Co** 428 1.493 cfc hc	**Ni** 430 1.455 cfc	**Cu** 339 1.083 cfc	**Zn** 130 cfc
Rb 81 38,8 ccc	**Sr** 163 770 cfc hc ccc	**Y** 422 1.509 hc ccc	**Zr** 606 1.852 hc ccc	**Nb** 719 2.487 ccc	**Mo** 656 2.610 ccc	**Tc** 661 hc	**Ru** 640 2.400 hc	**Rh** 556 1.960 cfc	**Pd** 380 1.550 cfc	**Ag** 284 961 cfc	**Cd** 112 321 hc
Cs 78 28,7 ccc	**Ba** 177 704 ccc	**La** 430 920 hc cfc ccc	**Hf** 619 2.300 hc ccc	**Ta** 782 2.997 ccc	**W** 849 3.380 ccc	**Re** 782 3150 hc	**Os** 786 2.700 cfc	**Ir** 669 2.454 cfc	**Pt** 564 1.769 cfc	**Au** 368 1.063 cfc	**Hg** 64 –38,9

Os metais podem formar misturas, denominadas ligas. Estas podem ser do tipo **substitucional,** onde um elemento é substituído por outro de tamanho semelhante, ou **intersticial**, no qual o elemento apresenta dimensões bem menores e tende a ocupar os espaços intersticiais da rede.

O problema do tamanho é crítico na formação das ligas. O lítio, por exemplo, por ser muito menor que os outros metais alcalinos, é imiscível nesses elementos. Em contrapartida, o K, Rb e o Cs, de tamanhos mais próximos, formam ligas entre si com maior facilidade. Na prática, a formação de ligas por substituição fica difícil, se a diferença de tamanho entre os átomos for superior a 15%.

Alguns exemplos mais comuns de ligas são as seguintes:

- cobre–zinco, por exemplo: latão Cu(70):Zn(30), muito maleável;
- cobre–estanho, por exemplo: bronze com 7% a 40% de Sn, duro e muito resistente à corrosão;
- cobre–níquel, por exemplo: monel, Ni(65):Cu(30) de alta resistência química;
- níquel–crômio, 80:20, alta resistência térmica e mecânica;
- ligas magnéticas, por exemplo: CuNiFe (60:20:20), CuNiCo (50:21:29).

No caso de ligas intersticiais é mais comum a presença de átomos pequenos, como o C, N e o B, ocupando os espaços intersticiais da rede. Por não possibilitarem um acomodamento perfeito, esses elementos acabam destruindo os planos de deslizamento do cristal, tornando o material mais duro e quebradiço.

Algumas vezes, as ligas apresentam homogeneidade, composição e propriedades físicas definidas, comportando-se como verdadeiros compostos intermetálicos. É o caso da liga de cobre–ouro, Cu_3Au, e do $CuA\ell_2$. Quando o cobre, em torno de 4%, é misturado com alumínio, resulta uma liga denominada *duralumínio*, na qual cristais de $CuA\ell_2$ se formam no interior do metal, dando origem a uma estrutura dura, cinco vezes mais resistente a tensões em relação ao alumínio puro. Essa liga é muito utilizada em construções. O amálgama dentário é outro exemplo de liga, obtida pela mistura de mercúrio com o composto intermetálico Ag_3Sn. Já a cementita, Fe_3C, pode ser considerada uma espécie de liga, e está presente em alguns tipos de aço.

Obtenção e Aplicações dos Metais

A importância dos metais para a humanidade tem sido marcada pelas várias etapas de desenvolvimento desde a idade da pedra, do bronze, do ferro, do aço etc. Mesmo na atualidade, o nível de produção de aço ainda proporciona um índice realista do desenvolvimento do país.

Os metais ocorrem na natureza na forma de minerais, geralmente óxidos, sulfetos, carbonatos e silicatos. Os processos de obtenção passam pelo beneficiamento do minério, que envolve uma série de operações físicas e químicas, seguido pela etapa de redução ao estado metálico e, finalmente, pelo refinamento ou purificação do metal.

O processo de redução dependerá da termodinâmica associada, sendo o mais favorável, aquele que conduzir ao maior abaixamento da energia livre do sistema. Dessa forma, quanto mais estável for o óxido, mais difícil será sua redução ao estado metálico.

Considerando a relação:

$$\Delta G = \Delta H - T\Delta S$$

o gráfico de ΔG contra T será aproximadamente uma linha reta, desde que ΔH e ΔS sejam constantes ou quase constantes no intervalo de temperatura considerado. O coeficiente angular dessa reta seria equivalente a ΔS, e o linear seria ΔH, extrapolado a O e K.

As reações dos metais com oxigênio formando os respectivos óxidos são exotérmicas e, portanto, favorecidas do ponto de vista entálpico. Contudo, as variações de entropia associadas são sempre negativas, visto que um elemento gasoso (oxigênio) é consumido para formar um sólido (óxido).

Por exemplo:

$$Ca(s) + \frac{1}{2} O_2 (g) \rightarrow CaO (s)$$

Quando o metal sofre mudança de estado, ocorre uma mudança na inflexão da reta. Para o cálcio, o processo de fusão ocorre por volta de 1.500 °C, sendo observada uma quebra nessa temperatura, com maior coeficiente angular, devido ao aumento de entropia.

Decomposição térmica de óxidos

A decomposição térmica dos óxidos se torna possível na temperatura em que o fator $T\Delta S$ passa a predominar sobre o fator entálpico, tal que a energia livre de formação do óxido seja positiva. Isso é possível para o HgO, em temperaturas da ordem de 400 °C:

$$2HgO(s) \rightarrow 2Hg(\ell) + O_2 (g).$$

Redução com carvão ou CO

A utilização do carvão como redutor vai depender da variação das energias livres envolvidas. Nessa discussão, também se insere o CO, que é um subproduto imediato da oxidação do carvão, e que também atua como redutor. Portanto, três reações devem ser consideradas:

$$C(s) + O_2(g) \rightarrow CO_2 (g) \quad \Delta H = -393 \text{ kJ mol}^{-1}$$
$$\Delta S = 2{,}8 \text{ J mol}^{-1}\text{K}^{-1}.$$

$$2C(s) + O_2(g) \rightarrow 2CO (g) \quad \Delta H = -221 \text{ kJ mol}^{-1}\ O_2$$
$$\Delta S = 179 \text{ J mol}^{-1}\text{K}^{-1}.$$

$$2CO(g) + O_2(g) \rightarrow 2CO_2 (g) \quad \Delta H = -566 \text{ kJ mol}^{-1}\ O_2$$
$$\Delta S = -173 \text{ J mol}^{-1}\text{ K}^{-1}.$$

A superposição das curvas de energia livre correspondente pode ser vista no *diagrama de Ellingham* da Figura 3.2.

Os gráficos de energia livre para o carvão e o CO, conforme as equações anteriores apresentam diferentes inclinações e se cruzam em torno de 700 °C. Abaixo dessa tem-

Figura 3.2
Diagramas de Ellingham para os processos de redução dos óxidos metálicos.

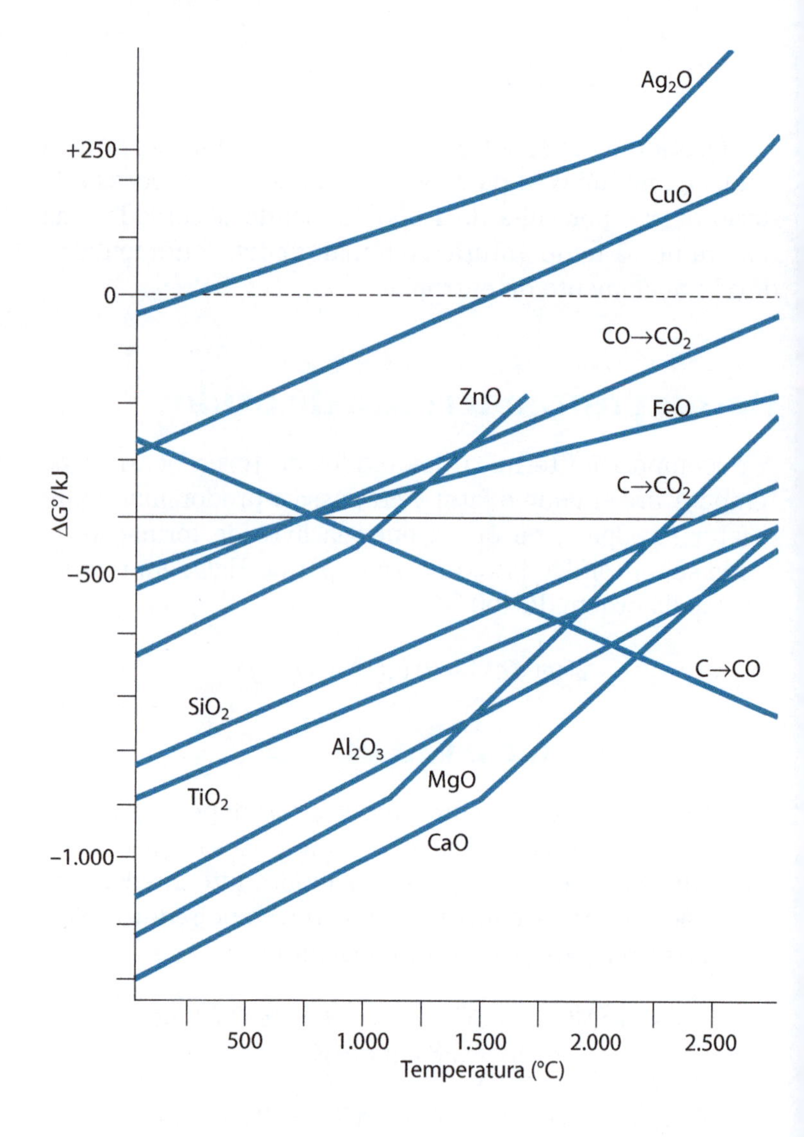

peratura, o redutor mais eficiente é, portanto, o CO. Acima dessa temperatura, a combustão do carvão formando CO é o que apresenta energia livre mais favorável, por razões de natureza entrópica.

O carvão ou o CO poderá efetuar a redução dos óxidos metálicos desde que a energia livre envolvida seja favorável em relação à da sua formação. Portanto, no diagrama de Ellingham, a curva de energia livre de formação dos óxidos deve estar acima das curvas de energia livre de oxidação do C ou do CO.

Metais como ferro, estanho e zinco apresentam curvas de energia livres muito favoráveis e podem ser obtidos convenientemente por redução com carvão.

A obtenção do ferro merece um destaque especial, em virtude da sua importância. O material de partida geralmente é a hematita, Fe_2O_3. O minério é misturado com carvão e calcário e adicionado no topo do alto-forno, cuja temperatura começa com 250 °C e ultrapassa 1.000 °C na base.

As reações que ocorrem estão representadas na Figura 3.3.

O calcário é convertido em CaO, que reage com sílica formando uma massa em fusão de silicato de cálcio. Essa escória é importante no processo, pois arrasta consigo grande parte das impurezas presentes no minério. A hematita é parcialmente reduzida a FeO pelo monóxido de carbono gerado no alto-forno, e depois convertido em ferro metálico. Já na base, em que a temperatura atinge

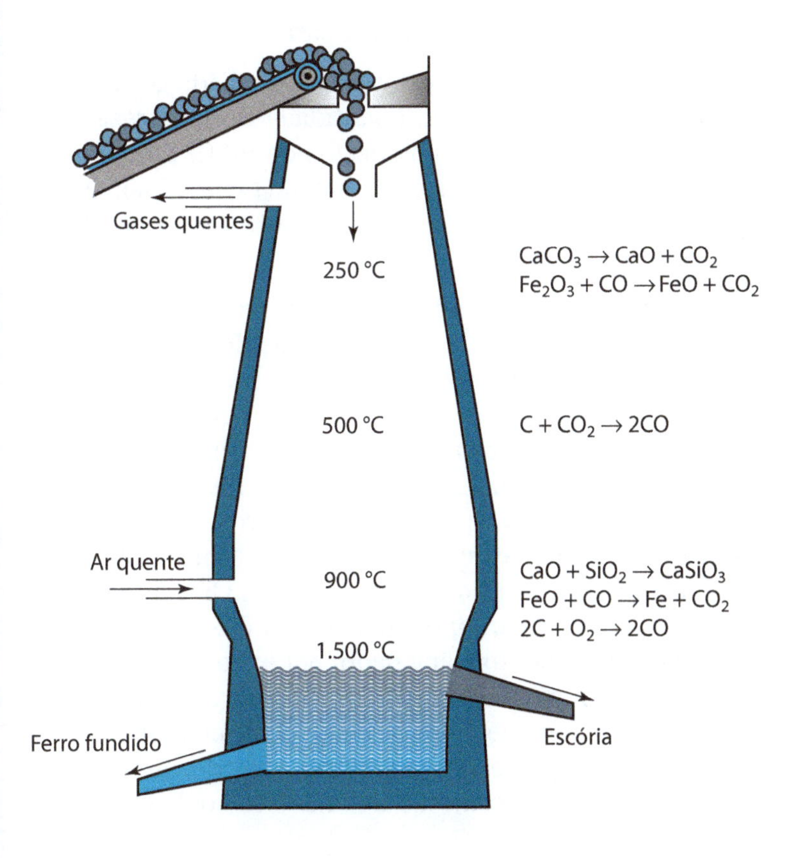

Figura 3.3 Obtenção do ferro metálico.

Figura 3.4
Minério de ferro (hematita) e ferro-gusa, ou bruto, ao lado de outras formas de ferro que também podem ser obtidos no processo: ferro silício e ferro sinterizado.

1.200 °C, o carvão reage com o oxigênio do ar insuflado, formando CO e liberando energia para o forno.

O ferro que sai dos altos-fornos é chamado gusa ou *pig iron*, em razão da enorme quantidade de impurezas que traz consigo, geralmente compostas de Si, C, P e S, e que tornam o metal altamente quebradiço (Figura 3.4). O teor de carbono chega a 4%, e está presente na forma de cementita, Fe_3C.

O refino pode ser realizado por meio do borbulhamento de ar na massa fundida, nos conversores Bessemer, provocando a oxidação das impurezas até os respectivos óxidos (CO, SiO_2, P_4O_{10}, SO_2). Outro processo, conhecido como Ajax, utiliza uma corrente de oxigênio puro injetado diretamente na superfície da mistura em fusão. O ferro na forma pura depois é misturado com outros elementos, em baixos teores, por exemplo, de C, 1,5%, para a obtenção dos mais diferentes tipos de aços e ligas. Os aditivos mais importantes são o carbono e o silício. A designação é feita com base no elemento adicionado, por exemplo: Ferrossilício. O aço comum é obtido pelo recozimento controlado do ferro, ou refino em conversores especiais, como Bessemer (Figura 3.5) na presença de 0,008% a 2% de carbono que é necessário para a formação de uma fase conhecida como

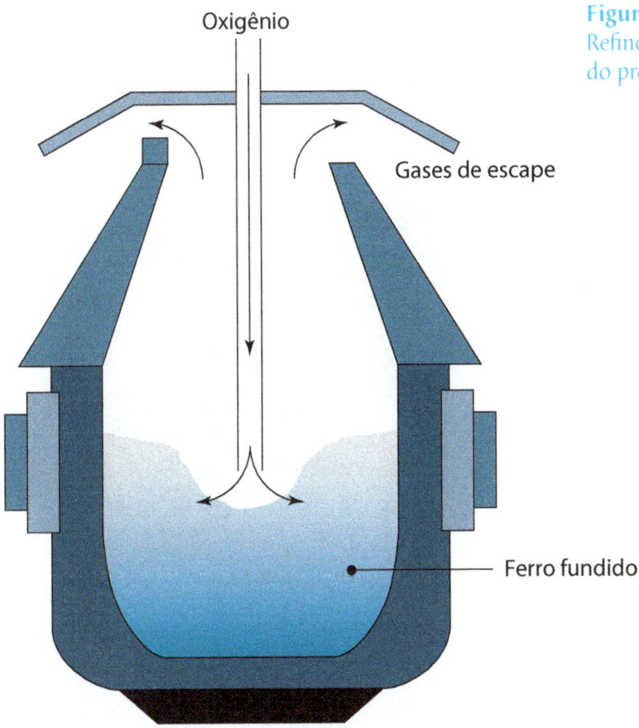

Figura 3.5
Refino do ferro e fabricação do aço – esquema do processo Bessemer.

martensita. Aditivos como Si e Mn em baixos teores são benéficos, pois neutralizam a ação do oxigênio e impurezas de enxofre no processo, e melhoram a resistência mecânica do aço. Níquel, cobre, molibdênio e crômio, em baixos teores, também ajudam a melhorar a resistência, principalmente à corrosão. A presença de estanho, fósforo e enxofre no processo é prejudicial, pois pode aumentar a fragilidade do aço.

Metalotermia

A redução de óxidos de elementos como Mn, Ti, Cr (Figura 3.6), Mo, W e Nb por carvão necessitaria de temperaturas muito elevadas, superiores a 1.500 °C, tornando o processo pouco viável. Nesses casos, é comum o emprego da **aluminotermia**, processo no qual se usa o alumínio em pó como agente redutor. Esse processo pode ser empregado para os óxidos metálicos que estão acima da curva de energia livre para o alumínio, no diagrama de Ellingham.

Figura 3.6
Crômio e cristal de rubi sintético (Al_2O_3 dopado com Cr^{3+}) para uso em laser.
Fonte: Coleção particular do autor.

No caso da obtenção do ferro por aluminotermia, a reação

$$2A\ell(s) + Fe_2O_3(s) \rightarrow 2Fe(\ell) + A\ell_2O_3(s)$$
$$\Delta H = -850 \text{ kJ mol}^{-1}.$$

é extremamente exotérmica. A temperatura chega a 3.000 °C, provocando a fusão do ferro metálico. O processo pode ser usado na soldagem de grandes pedaços de ferro ou aço, e até em bombas incendiárias, com pavio de magnésio, de grande poder destrutivo, em virtude das altas temperaturas e do fato de a reação não ser facilmente interrompida pela água.

A aluminotermia encontra aplicação na redução de óxidos metálicos, na qual o uso do carvão se mostra pouco eficiente ou quando o produto pode ser contaminado por carbetos metálicos formados no processo.

Da mesma forma, também é possível empregar o magnésio em processos de redução, como é o caso do berílio. Este metal é obtido pela redução do fluoreto de berílio com magnésio:

$$BeF_2 + Mg \rightarrow Be + MgF_2.$$

Figura 3.7
Cristal de berílio metálico.
Fonte: Coleção particular do autor.

Este metal alcalino-terroso (Figura 3.7) é o que apresenta o maior ponto de fusão dentre os elementos da família, e também a menor reatividade química, resistindo até ao ataque com ácido nítrico. Por ser um metal de baixo peso atômico, é transparente aos raios-X, e encontra aplicações em janelas de exposição a esse tipo de radiação. É usado como moderador de nêutrons em reatores nucleares. Sua principal aplicação industrial está na fabricação da liga de cobre–berílio: cerca de 2% de berílio aumenta a resistência mecânica do cobre em seis vezes. O berílio na forma de pó oferece riscos à saúde, caso inalado, podendo, além da intoxicação aguda, levar ao aparecimento de câncer pulmonar.

Métodos eletroquímicos

Os processos de redução para obtenção de elementos como os metais alcalinos, alcalinoterrosos e $A\ell$ apresentam curvas de energia livre muito abaixo das linhas do carvão e do CO. Por essa razão, a obtenção é feita por via eletrolítica.

Figura 3.8
Cristais de alumínio metálico.
Fonte: Coleção particular do autor.

A eletrólise, normalmente, é conduzida em temperaturas elevadas com o elemento metálico na forma de cloretos ou fluoretos fundidos, utilizando eletrodos de carbono ou aço.

O alumínio (Figura 3.8) é obtido eletroquimicamente a partir da bauxita, mineral que contém de 35% a 55% de alumina, $A\ell_2O_3$. No processo Bayer, a bauxita é dissolvida em soda cáustica (NaOH concentrado) e as impurezas sólidas removidas por filtração. O filtrado é concentrado para promover a cristalização da alumina, que é separada e calcinada. Depois, a alumina purificada é submetida ao processo de redução eletrolítica, conhecido como Hall-Heroult (1886). Nesse processo, a alumina purificada é dissolvida em uma mistura de criolita, $Na_3A\ell F_6$ (75%) e $A\ell F_3$ (15%) no estado de fusão, por volta de 950 °C. A eletrólise é conduzida nessa temperatura, com eletrodos de carbono operando com uma diferença de potencial de 5V, em um nível de eficiência de 90% para uma corrente de 15 kWh kg^{-1} de $A\ell$. Os eletrodos de carbono, nessa temperatura, sofrem rápida corrosão, oxidando-se a CO:

$$2A\ell_2O_3 \rightarrow 4A\ell(\ell) + 3O_2\ (g)$$
$$(\text{eletrólise, 950 °C em } Na_3A\ell F_6 + A\ell F_3 \text{ fundido}).$$

Os Estados Unidos e o Canadá são os maiores produtores mundiais de alumínio, embora não tenham jazidas de bauxita e dependam de importação. A reserva de bauxita no Brasil é a terceira do mundo, e está localizada na região amazônica e em Minas Gerais. O Brasil é um dos principais produtores mundiais de alumínio.

O magnésio pode ser obtido pela eletrólise do $MgC\ell_2$, a temperaturas de 700 °C a 800 °C, com eletrodos de grafite.

$$MgC\ell_2 \rightarrow Mg(\ell) + C\ell_2\ (g).$$

No Brasil se emprega o processo silotérmico, que utiliza a liga de FeSi (70% Fe, Figura 3.4) como agente redutor, a 1.200 °C. O minério de partida é a dolomita (carbonato de cálcio e magnésio), que por calcinação se converte nos respectivos óxidos metálicos:

$$2(CaO \cdot MgO) + FeSi \rightarrow 2Mg(v) + \\ + \text{escória}\{Ca_2SiO_4(\ell) + Fe\},\ T = 1.200\ °C.$$

O magnésio destila nessa temperatura e sai como um produto de alta pureza. As demais espécies são retidas na escória.

O cálcio é outro exemplo típico de elemento obtido pelo processo de redução eletrolítica, a partir do $CaC\ell_2$, produzido como subproduto do processo Solvay, de produção de bicarbonato de sódio.

$$Ca^{2+} + 2e^- \rightarrow Ca^0$$

$$2C\ell^- \rightarrow C\ell_2\ (g) + 2e^-.$$

O metal (Figura 3.9) é mole, maleável e fica rapidamente amarelado quando exposto ao ar. Por essa razão, deve ser armazenado sob atmosfera inerte (argônio). Reage rapidamente com a água, formando $Ca(OH)_2$, e liberando hidrogênio. É o elemento metálico mais abundante em nosso organismo, por entrar na constituição dos ossos.

O estrôncio (Figura 3.10) é um metal de coloração prateada escura, que se oxida em contato com o ar, adquirindo aspecto amarelado. Reage com água, formando $Sr(OH)_2$ e H_2. O elemento introduzido em uma chama produz uma luz violeta e, por isso, é usado nos fogos de artifício para dar

Figura 3.9
Cristais de cálcio metálico.
Fonte: Coleção particular do autor.

maior efeito pirotécnico. É obtido pela eletrólise do cloreto de estrôncio fundido. Uma de suas aplicações recentes está no medicamento ranelato de estrôncio, usado na prevenção e tratamento da osteoporose.

O lítio encontra grande aplicação em ligas ultraleves de Aℓ—Li (3%), baterias, materiais nucleares e em produtos como LiH. O metal é obtido por eletrólise de LiCℓ (50%)

Figura 3.10
Cristais de estrôncio metálico e medicamento à base de estrôncio para tratamento da osteoporose.
Fonte: Coleção particular do autor.

e $KC\ell$ (50%), sendo que este último atua como fundente (ajuda a abaixar o ponto de fusão):

$$2LiC\ell \xrightarrow[\text{eletrólise}]{} 2Li(\ell) + C\ell_2\ (g).$$

Hoje, o lítio é um dos elementos mais importantes na fabricação de baterias de alta importância tecnológica, por serem finas, recarregáveis e extremamente leves. Seu uso em equipamentos eletrônicos, como computadores e celulares já é dominante. Em breve, o lítio poderá ser utilizado nos carros híbridos, elétricos e a gasolina, contudo já existe preocupação quanto a disponibilidade do elemento no mercado. O lítio é encontrado na Argentina, Chile, Bolívia e no Tibete (China), que são seus principais produtores. Mais da metade das reservas mundiais de lítio encontra-se nas salinas de Uyuni, na Bolívia (Figura 3.11).

O sódio metálico também é obtido por via eletrolítica, partindo do $NaC\ell$ em estado de fusão (600 °C), utilizando eletrodos de grafite (7V). O metal é muito reativo e perde rapidamente sua aparência metálica, provocando reações explosivas na presença de água. Uma amostra de sódio extremamente puro, destilado e armazenado sob vácuo, pode ser vista na Figura 3.12.

Os demais metais alcalinos, potássio, rubídio e césio são ainda mais reativos que o sódio. Destes, o rubídio e o césio fundem-se a temperaturas próximas do ambiente e

Figura 3.11
Salina de Uyuni no deserto da Bolívia, onde se estima estar concentrada a metade das reservas naturais de lítio no planeta.

Figura 3.12
Sódio metálico armazenado sob vácuo. Fonte: Coleção particular do autor.

podem ser encontradas na forma líquida. Devem ser guardados em recipientes fechados, preferencialmente em ampolas, sob vácuo, como na Figura 3.13.

Metais como o cobre, zinco e a prata também podem ser obtidos eletroliticamente puros, por meio da hidrometalurgia. Esse processo, já utilizado há mais de um século, está ganhando força pelo fato de utilizar um processamento próximo das condições ambiente, sem o uso de carvão

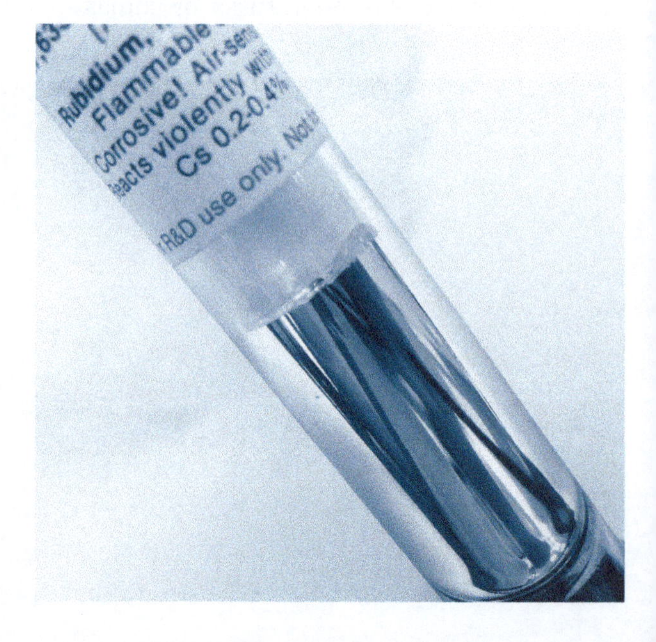

Figura 3.13
Ampola com rubídio coletado e armazenado sob vácuo. Fonte: Coleção particular do autor.

ou fornos de calcinação, como nos processos pirometalúrgicos, hoje visto com restrições por causa do aquecimento global. A hidrometalurgia é particularmente interessante na exploração de minérios de baixo teor do metal, e envolve uma etapa inicial de lixiviação por meio da aplicação de ácidos diluídos ou bactérias que se alimentam de enxofre liberando ácidos. Os efluentes contendo o metal dissolvido são conduzidos para reservatórios para serem tratados quimicamente, incluindo a complexação por meio de reagentes seletivos. Após a complexação, o composto formado é extraído em solventes orgânicos e transferido para outro reservatório no qual é feita a decomposição por adição de ácidos, e a liberação dos íons metálicos em maior nível de pureza. Depois de etapas de ajuste de pH e concentração, é realizada a eletrólise das soluções concentradas, para a obtenção do metal em estado muito puro.

O ouro é extraído na forma elementar e sua beleza e importância econômica o tornam um metal precioso (Figura 3.14). Esse metal, na escala nanométrica, dá origem a nanopartículas avermelhadas que têm atraído atenção dos cientistas para aplicações tecnológicas, como marcadores e sinalizadores químicos, por meio de um efeito conhecido como SERS (sigla derivada do inglês, surface enhanced Raman scattering, ou espalhamento Raman intensificado por superfície). Esse efeito acontece por causa dos elétrons na superfície das nanopartículas, que se deslocam como ondas (ou plásmons) e intensificam o campo gerado pela radiação eletromagnética (luz) incidente. As moléculas presentes na superfície sentem o aumento do campo, intensificando o padrão de espalhamento de luz por mais de dez ordens de grandeza. Em razão desse efeito, é possível chegar ao limite da detecção física, ou seja, de uma única molécula isolada ligada à nanopartícula. Suas aplicações na medicina têm sido crescentes, tanto em sensoriamento, transportadores de fármacos e em tratamentos de hipertermia, no qual as nanopartículas ancoradas em tecidos tumorais são irradiadas com luz e sofrem aquecimento, levando à destruição das células.

Apesar de ser um dos pontos atuais de interesse da nanotecnologia, o ouro coloidal já era conhecido há mais de 2.000 anos no império Romano e no Oriente Médio. O objeto histórico mais interessante, produzido nessa época é o copo de Lycurgus, hoje exposto no Museu Britânico (Figu-

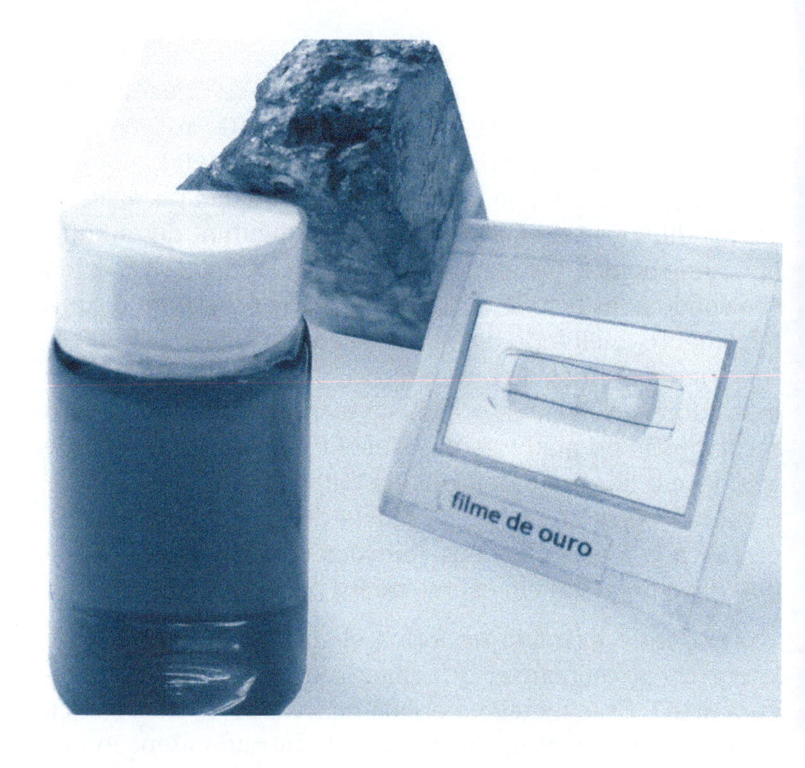

Figura 3.14
Ouro encravado em rocha (acima), depositado sob a forma de aspecto esverdeado, na moldura, e nanoparticulado, em suspensão líquida, de coloração vermelha.

ra 3.15). Esse objeto, que descreve a lenda do rei Lycurgus em sua luta com Dyonisius (Deus do vinho), adquire tonalidade verde quando iluminado externamente e vermelho quando a luz incide interiormente. Os magníficos vitrais da idade média ainda ostentam os efeitos cromáticos das nanopartículas de ouro em seu interior. Os primeiros estudos

Figura 3.15
Foto do copo de Lycurgus, vitrocerâmica dos tempos do Império Romano, exposta no Museu Britânico, que contém nanopartículas de ouro e exibe variações cromáticas quando iluminado por fora (verde) ou por dentro (vermelho).
Fonte: Foto de C. S. Toma, cedida ao autor.

sobre as nanopartículas de ouro foram realizados por Michael Faraday em, 1847, que formulou um método de preparação que serviu de base para os procedimentos usados atualmente. As lamínulas de ouro coloidal preparadas por Faraday ainda estão preservadas com a tonalidade original no Museu Real da Inglaterra.

CAPÍTULO 4

COMPOSTOS QUÍMICOS

A sequência adotada na apresentação dos compostos químicos teve como partida as duas classes mais abrangentes: a dos compostos de elementos combinados com o hidrogênio (hidretos) e a dos compostos de elementos combinados com o oxigênio (óxidos), seguindo a ordem das famílias na Tabela Periódica. Em continuação, os compostos interelementos são apresentados seguindo essa mesma ordem sequencial.

Compostos de Hidrogênio

O hidrogênio forma compostos com praticamente todos os elementos químicos, exceto os gases nobres. É um elemento com eletronegatividade intermediária (2,1), muito próxima das do B e do C. Forma compostos tipicamente iônicos com os elementos mais eletropositivos, como os alcalinos e alcalino-terrosos, e compostos covalentes com os elementos mais eletronegativos. Os metais de transição formam, com o hidrogênio, compostos conhecidos como hidretos intersticiais ou metálicos.

Hidretos Iônicos

Os hidretos iônicos são sólidos e contêm íons H^- no retículo cristalino. Quando não se decompõem, sofrem fusão em temperaturas elevadas, formando soluções iônicas, condutoras de eletricidade.

Os hidretos iônicos são fortes redutores em solução, conforme expresso pelo potencial eletroquímico:

$$\frac{1}{2}H_2 + e^- \rightarrow H^- \qquad E° = -2{,}25\ V.$$

O potencial do par redox H_2/H^- é muito negativo, de forma que os íons hidretos em solução aquosa decompõem-se instantaneamente com produção de hidrogênio:

$$H^- + H_2O \rightarrow H_2 + OH^-$$

Dentre os hidretos iônicos, o LiH é um dos mais usados na produção de hidrogênio para uso em aplicações militares, em dispositivos meteorológicos ou em sínteses. Outro hidreto muito utilizado é o $LiA\ell H_4$, particularmente nas sínteses que necessitam de redutores fortes ou de agentes de hidrogenação.

Hidretos de Metais de Transição

Os metais do bloco *d* e *f* formam hidretos de composição e natureza muito complexas, fugindo, com frequência, de estequiometrias bem definidas, como no caso dos hidretos dos metais alcalinos e alcalino-terrosos.

Alguns metais e ligas como as de magnésio–níquel, magnésio–cobre e ferro–titânio absorvem espontaneamente ou por leve aquecimento, quantidades relativamente grandes de dihidrogênio, sem perder o caráter metálico. A composição nesses casos é variável, dependendo das condições empregadas, como temperatura, pressão de H_2, granulometria e pureza do metal. O processo pode ser reversível, verificando-se que, em muitos casos, a rede metálica não sofre grandes modificações estruturais, a não ser por uma expansão necessária à acomodação dos átomos de hidrogênio.

O paládio é um caso que impressiona por sua capacidade de incorporar até 900 vezes o próprio volume de hidrogênio. Acima da composição $PdH_{0,5}$ o material perde suas propriedades condutoras. A natureza do composto tem sido muito discutida, tendo em vista o fato que os átomos de hidrogênio apresentam tanto comportamento de próton como de hidreto.

Os lantanídios também absorvem hidrogênio para formar hidretos de composição próxima a LnH_2. Estes geralmente são de coloração escura, quebradiços, apresentando condutividade inferior à dos metais puros. As ligas metálicas, também absorvem hidrogênio, e vêm sendo usadas em baterias recarregáveis de níquel–hidreto. A liga mais utilizada atualmente é do tipo AB_5 onde A é uma mistura de terras raras (La, Ce, Nd, Pr) e B é constituído por Ni, Co, Mn e/ou $A\ell$. Um caso notável é o da liga $LaNi_5$, na qual a densidade correspondente ao do hidrogênio absorvido na matriz é três vezes maior que a do hidrogênio no estado líquido. Esse tipo de material vem sendo pesquisado para futuras aplicações em veículos movidos a hidrogênio.

Hidretos de Elementos Não Metálicos

Os hidretos de elementos não metálicos constituem espécies moleculares em que o hidrogênio participa de ligações geralmente covalentes. Os principais tipos estão relacionados na Tabela 4.1.

Tabela 4.1 – Principais hidretos de elementos não metálicos

Grupo IIIA	Grupo IVA	Grupo VA	Grupo VIA	Grupo VIIA
B_nH_{n+4} B_nH_{2n+6}	C_nH_{2n+2} C_nH_{2n} C_nH_n	NH_3 N_2H_4	H_2O H_2O_2	HF
	Si_nH_{2n+2}	PH_3 P_2H_4	H_2S H_2S_n	HCl
	Ge_nH_{2n+2}	AsH_3	H_2Se	HBr
	SnH_4	SbH_3	H_2Te	HI

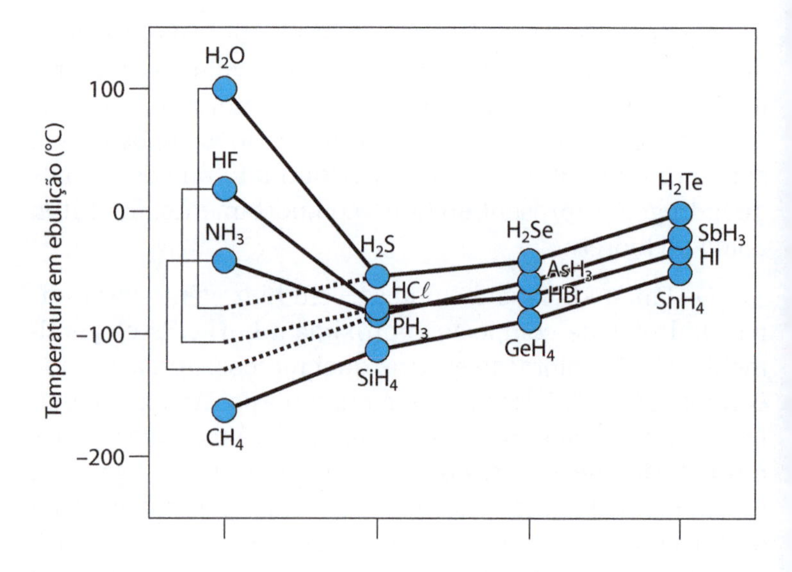

Figura 4.1
Variação dos pontos de ebulição dos hidretos covalentes, com destaque para os desvios observados para os compostos de elementos mais leves (H_2O, HF e NH_3), provocados pelas interações moleculares.

Os hidretos não metálicos são geralmente voláteis. Os pontos de ebulição tendem a crescer com o número atômico (Figura 4.1), refletindo a intensificação das interações de van der Waals, principalmente na série de compostos apolares CH_4, SiH_4, GeH_4 e SnH_4. O paralelismo observado com respeito aos gases nobres, na Figura 4.1, reforça muito essa conclusão. Nessa figura, os compostos HF, H_2O e NH_3 não seguem o comportamento determinado pelas interações de van der Waals, apresentando pontos de ebulição muito acima do previsto em relação à tendência observada ao longo de cada família. Esse desvio é causado pelas fortes interações dipolares e ligações de hidrogênio entre as moléculas de HF (ou H_2O ou NH_3), no estado líquido.

O hidrogênio nos hidretos de elementos fortemente eletronegativos, como é o caso de H_2O, HF, HCℓ etc., tem caráter predominantemente ácido ou de H^+. No outro extremo, no caso dos hidretos de elementos eletropositivos, como os metais alcalinos e alcalino-terrosos, o hidrogênio tem caráter básico ou de H^-. Para os elementos de eletronegatividade intermediária, como o B, Si e Ge, os hidretos apresentam comportamento que, muitas vezes, lembram o íon H^- em suas propriedades básicas e, outras vezes, o íon H^+ em suas propriedades ácidas, dependendo de se estar na presença de ácido ou de uma base mais forte. Esse comportamento é denominado anfótero.

Por exemplo:

$$GeH_4 + HBr \rightarrow GeH_3Br + H_2 \text{ (comportamento básico)}$$

$$GeH_4 + NaNH_2 \rightarrow NaGeH_3 + NH_3 \text{ (comportamento ácido).}$$

Alguns hidretos, como a amônia e a água, são anfipróticos, ou seja, podem tanto doar, como receber prótons:

$$NH_3 + H^+ \rightarrow NH_4^+$$

$$NH_3 + H^- \rightarrow NH_2^- + H_2.$$

É interessante notar que o íon H^+ corresponde a um átomo de hidrogênio que perdeu o elétron, e seria equivalente a um próton. Entretanto, o próton é uma partícula nuclear e suas dimensões são praticamente desprezíveis em comparação com um átomo. Na realidade, o próton não é encontrado livre, como partícula elementar. Ele acaba se associando a uma molécula do solvente, como a água, formando espécies do tipo H_3O^+ ou entidades maiores incorporando outras moléculas do solvente.

Hidretos Covalentes

Haletos de hidrogênio

Os haletos de hidrogênio ou ácidos halogenídricos são espécies voláteis, cuja estabilidade decresce no sentido HF > $HC\ell$ > HBr > HI. Algumas das propriedades desses haletos estão relacionadas na Tabela 4.2.[2]

Comparando-se as propriedades físicas dos vários haletos de hidrogênio é notório o desvio apresentado pelo HF, em consequência da associação intermolecular muito forte, por ligações de hidrogênio. A uma atmosfera de pressão, somente acima de 80 °C o HF se comporta como monômero. Em temperaturas mais baixas ou pressões mais elevadas, a associação é muito forte, existindo evidências de moléculas do tipo $(HF)_6$.

O HF no estado líquido é pouco condutor de eletricidade, evidenciando um baixo grau de dissociação. Em solução

2 Além dos nomes tradicionais, a IUPAC estabeleceu os nomes sistemáticos: HF, fluorano; $HC\ell$, clorano; HBr, bromano; e HI, iodano.

Tabela 4.2 – Propriedades físicas de hidretos covalentes

	HF	HBr	HCℓ	HI
Ponto de fusão/°C	–83,0	–114,6	–88,5	–50,9
Ponto de ebulição/°C	19,5	–84,1	–67,0	–35,0
Dist. H-X/nm	0,0917	0,127	0,141	0,161
Energia ligação/kJ mol^{-1}	569	430	364	297
Momento dipolar/Debye	1,98	1,03	0,79	0,38
H formação/kJ mol^{-1}	–271	-92	–36,2	26,5
$pK_a(HX + H_2O \rightleftharpoons X^- + H_3O^+)$	3,17	–7,4	–9	–9,5

aquosa comporta-se como o ácido mais fraco da série, com um pKa de 3,17. Esse fato reflete uma razoável afinidade do íon fluoreto pelo próton, assim como a influência de uma maior solvatação do íon F^- em relação aos demais haletos, contribuindo para o aumento da entropia após a protonação.

A reação direta entre os elementos ($H_2 + X_2 \rightarrow 2HX$) é explosiva, no caso do flúor. Nos casos do cloro e do bromo a reação com hidrogênio é mais branda, porém torna-se muito vigorosa quando na presença de luz. Já com o iodo o processo é menos favorável, conduzindo a um equilíbrio.

O HF é preparado em grande escala a partir do minério fluorita, CaF_2, pela reação de deslocamento do fluoreto com H_2SO_4 concentrado (> 95%).

$$CaF_2(s) + H_2SO_4(\ell) \rightarrow CaSO_4(s) + 2HF(g).$$

O HF ataca o vidro, formando H_2SiF_6, e é utilizado com frequência para obter superfícies translúcidas. O HF é extremamente tóxico e provoca graves lesões quando em contato com a pele. Em geral, é transportado em tanques de aço ou em tambores de polietileno. É empregado na obtenção do flúor e compostos fluorados como o UF_6 (usado na separação de isótopos de urânio) e o SF_6 (usado em transformadores elétricos), NaF e H_2SiF_6 (usado na fluoretação da água), e HBF_4 (usado em eletrodeposição e no tratamento de superfícies metálicas).

Os demais ácidos também podem ser obtidos por reações de deslocamento partindo-se de sais apropriados, como NaCℓ, KBr e KI, com H_2SO_4 concentrado.

$$2MX(s) + H_2SO_4(\ell) \rightarrow M_2SO_4(s) + 2HX.$$

O HCℓ é comercializado na forma de solução aquosa, em torno de 37% em peso. O produto de grau técnico, também é conhecido como ácido muriático.

Água e hidretos dos calcogênios

Os hidretos da família dos calcogênios constituem moléculas angulares, relativamente voláteis, cujas propriedades estão reunidas na Tabela 4.3.[3]

Tabela 4.3 – Propriedades dos hidretos da família dos calcogênios

	H_2O	H_2S	H_2Se	H_2Te
Ponto de fusão/°C	0	–85,5	–67,7	–51
Ponto de ebulição/°C	100	–60,5	–41,3	–2,3
Momento dipolar/Debye	1,84	1,10		
ΔH formação/kJ mol^{-1}	–266	–20,6	29,7	99,6
pK_a	15,74	7	3,8	2,6

Nessa série, a água apresenta um comportamento anômalo, fugindo das correlações observadas entre H_2S, H_2Se e H_2Te. A molécula da água apresenta um elevado momento dipolar (1,84 D) em consequência das diferenças de eletronegatividade entre os átomos de oxigênio e hidrogênio e da contribuição dos pares eletrônicos não ligantes para os momentos, que se somam vetorialmente pela estrutura angular.

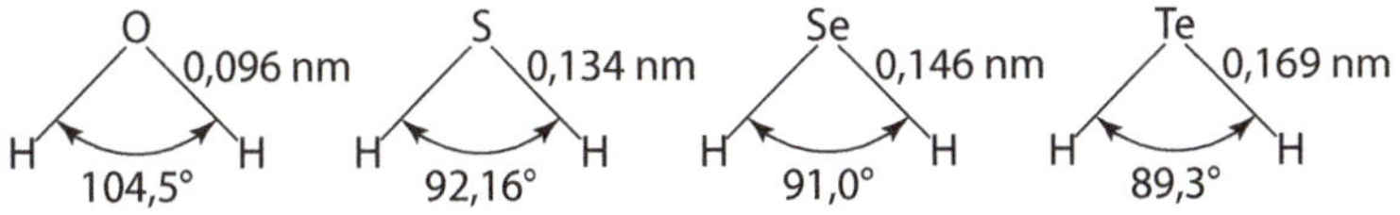

O 0,096 nm H H 104,5°
S 0,134 nm H H 92,16°
Se 0,146 nm H H 91,0°
Te 0,169 nm H H 89,3°

3 Além dos nomes tradicionais a IUPAC estabeleceu os seguintes nomes sistemáticos: H_2O, oxidano; H_2S, sulfano; H_2Se, selano; H_2Te, telano.

O ângulo de ligação de 104,5° é indicativo de hibridização do tipo sp^3. Esse valor é ligeiramente menor que o ângulo tetraédrico, 109,28°, e pode ser explicado com base na maior repulsão entre os pares eletrônicos isolados na camada de valência, em relação aos pares eletrônicos de ligação. Os ângulos entre as ligações no H_2S, H_2Se e H_2Te se aproximam de 90°, e indicam a utilização de orbitais p puros do elemento central.

Na forma líquida, a água é, sem dúvida, a substância mais importante para o homem, pois proporciona o meio ideal para as transformações químicas e bioquímicas responsáveis pela vida no planeta. Por ser o solvente natural, quase todas as reações que conhecemos dependem direta ou indiretamente de suas propriedades: é um solvente ionizante, de alta constante dielétrica (87,7), ideal para substâncias polares ou iônicas.

A água apresenta uma densidade máxima a 3,98 °C, igual a 1,00000; caindo para 0,99987 a O °C (ponto de congelamento) e 0,9584 g cm^{-3} a 100 °C (ponto de ebulição). Esse fato decorre da extensão com que se formam as ligações de hidrogênio. No gelo as moléculas estão orientadas de modo a formar um arcabouço estrutural volumoso por meio de ligações de hidrogênio (Figura 4.2), dando origem a cavidades onde, muitas vezes, se alojam pequenas moléculas e gases nobres, resultando nos chamados clatratos. À medida que o gelo se funde, as moléculas vão perdendo, aos poucos, sua orientação, tendendo a ocupar todos os espaços vazios, o que provoca um aumento de densidade. Acima de 4 °C, a expansão térmica resultante do movimento caótico provoca a dilatação normal do líquido, diminuindo sua densidade. Por essa razão, o gelo flutua em contacto com a água. Ao contrário, o gelo formado com D_2O é mais denso e afunda quando colocado em água.

Os hidretos H_2S, H_2Se e H_2Te são ácidos fracos, porém mais fortes que a água. São voláteis, apresentam odor desagradável e têm propriedades tóxicas.

Amônia, fosfina, arsina e estibina

As estruturas do NH_3, PH_3, AsH_3 e SbH_3 são apresentadas a seguir:

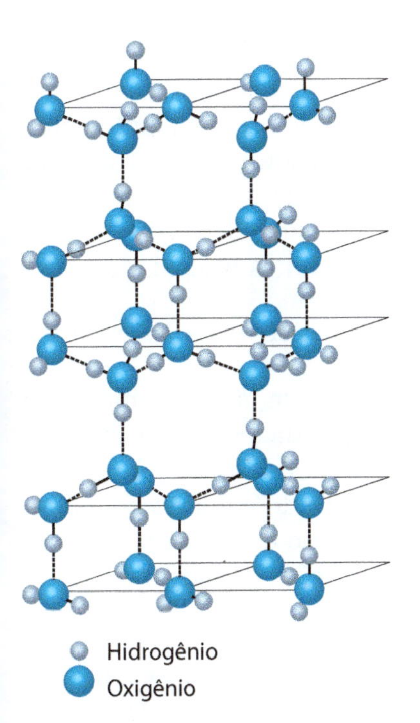

Figura 4.2
Estrutura do gelo, mostrando as pontes de hidrogênio por linhas tracejadas.

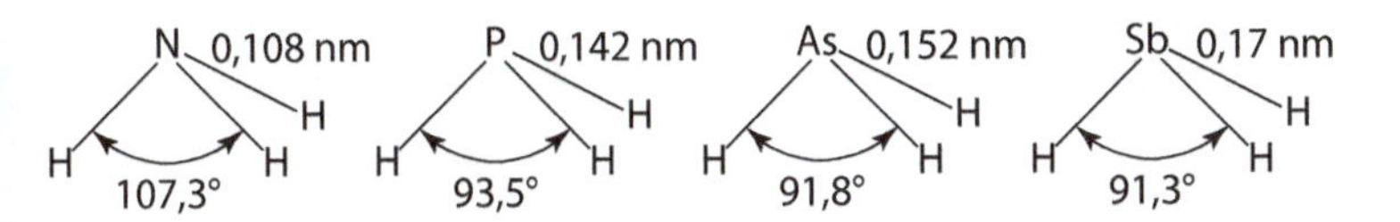

Nessa série, a amônia apresenta um ângulo entre as ligações de 107°, aproximando-se do tetraédrico, no qual os orbitais teriam forte caráter de hibridização sp^3. No restante da série o angulo é próximo de 90°, sugerindo a participação de orbitais p puros nas ligações.

Quando se compara a tendência de doar prótons, os compostos da série se comportam como ácidos extremamente fracos. Entretanto, o par eletrônico na amônia ocupa um orbital sp^3 orientado no sentido do vértice não ocupado do tetraedro. Esse fato é responsável por um maior momento dipolar da amônia, de 1,49 Debye e, por seu caráter mais básico, dentro da série. Em razão do par eletrônico disponível, a amônia pode receber um próton, atuando como base. Por exemplo:

$$NH_3 + H_2O \rightleftharpoons NH_4^+ + OH^- \qquad K_b = 1,77 \times 10^{-5}.$$

Já no PH_3, AsH_3 e SbH_3, a formação das ligações por meio de orbitais **p** puros acaba deixando o par eletrônico isolado em um orbital de caráter predominantemente **s**. Como esse orbital, apresenta distribuição esférica, o par eletrônico fica mais disperso espacialmente. Em consequência, seu momento dipolar é pequeno e sua capacidade de associar prótons diminui, reduzindo a basicidade.

$$PH_3 + H_2O \rightleftharpoons PH_4^+ + OH^- \qquad K_b = 4 \times 10^{-28}.$$

As propriedades físicas da amônia, assim como as da água e de HF, não seguem as propriedades dos análogos da mesma família, como mostrado na Tabela 4.4.[4] A amônia, apesar de ser volátil, tem um ponto de ebulição bem mais alto do que seria esperado, em função de seu peso molecular, em virtude da formação de ligações de hidrogênio.

Tabela 4.4 – Propriedades da amônia, da fosfina, da arsina e da estibina

	NH_3	PH_3	AsH_3	SbH_3
Ponto de fusão (°C)	–77,74	–133,7	–116,9	–88
Ponto de ebulição (°C)	–34,5	–87,5	–62,5	–18,4
ΔH formação (kJ mol^{-1})	–46,0	23,0	66,5	145
$pK_a(EH_3 + H_2O \rightleftharpoons EH_2^- + H_3O^+)$	35	27		

Outra propriedade contrastante, observada para a amônia na forma líquida, é a sua capacidade de dissolver metais eletropositivos, como os alcalinos e alcalino-terrosos, de forma reversível, formando soluções fortemente azuladas, condutoras de eletricidade (Figura 4.3). Nessas soluções tem sido demonstrada a existência de elétrons solvatados, e^-(solv).

$$Na(s) + NH_3(\ell) \rightarrow Na^+(solv) + e^-(solv).$$

Os elétrons ocupam as cavidades formadas pelas moléculas de solvente, estando os prótons orientados princi-

4 Além dos nomes tradicionais, a IUPAC estabeleceu os seguintes nomes sistemáticos: NH_3, azano; PH_3, fosfano; AsH_3, arsano; SbH_3, estibano.

Figura 4.3
Um pequeno pedaço de sódio metálico produz um rastro azulado por causa da formação de elétrons solvatados, quando colocado em amônia líquida.
Fonte: Foto tirada pelo autor no experimento do Curso de Química Inorgânica/USP.

palmente para o interior dessas moléculas. Lentamente, o seguinte equilíbrio é estabelecido:

$$e^{-}(am) + NH_3(\ell) \rightleftharpoons \frac{1}{2}H_2(g) + NH_2^{-} \qquad K = 5 \times 10^4 \text{ (25 °C)}.$$

Passando-se hidrogênio sob pressão em soluções de amônia líquida que contêm íons amideto (NH_2^-), estas se tornam azuis com a presença de elétrons solvatados com amônia, $e^-(am)$. Na presença de catalisadores, como é o caso dos compostos de ferro, o equilíbrio é acelerado e as soluções azuladas de sódio metálico em amônia tornam-se rapidamente incolores.

As soluções muito concentradas de metais em amônia líquida adquirem coloração metálica, com tonalidade de bronze, e se tornam fortemente condutoras de eletricidade.

Síntese da amônia – Processo Haber-Bosch

A amônia é a única espécie, entre os demais hidretos da série, estável do ponto de vista termodinâmico, como pode ser visto na Tabela 4.4. Mesmo assim, a estabilidade é pequena.Os parâmetros termodinâmicos para a reação de formação são:

$$N_2 + 3H_2 \rightleftharpoons 2NH_3 \qquad \Delta H = -46{,}0 \text{ kJ mol}^{-1}$$
$$\Delta S = -96 \text{ J mol}^{-1} \text{ K}^{-1}$$
$$\Delta G = -16{,}7 \text{ kJ mol}^{-1} \text{ (25 °C)}.$$

Apesar de ser favorecida termodinamicamente na temperatura ambiente, a reação é extremamente lenta e só se torna viável, em temperaturas superiores a 400 °C, na presença de catalisadores. O aumento da temperatura é usado para acelerar a reação, porém isso a torna menos favorável, visto que a variação de entropia é negativa (o fator $T\Delta S$ se opõe ao ΔH) e causa uma redução no rendimento. Por outro lado, aumento da pressão é um fator que favorece a reação, pois se processa com uma redução de volume.

A síntese da amônia só tornou-se viável comercialmente após os trabalhos de F. Haber (Figura 4.4) e C. Bosch. Sua concepção tornou-se prática e em grande escala durante a Primeira Guerra Mundial, quando a Alemanha ficou

Figura 4.4
Fritz Haber nasceu na Alemanha, em 1868. Obteve sólida formação em Química estudando com cientistas famosos, como Bunsen (Heidelberg) e Hoffman (Berlin). Em 1906, tornou-se Diretor do Instituto de Físico-Química em Karlsruhe. Trabalhando na fixação do nitrogênio atmosférico, sob a forma de amônia, conquistou o Prêmio Nobel de 1918. Seus trabalhos permitiram a produção de ácido nítrico, que a Alemanha usou para produzir explosivos, quebrando o embargo do salitre do Chile pelas forças aliadas, durante a Primeira Guerra Mundial. Foi responsável pelo desenvolvimento de gases de guerra que foram utilizados pela Alemanha, porém por pouco tempo, pois podia causar perdas em ambos os lados, dependendo da direção do vento. Com a ascensão do nazismo, foi destituído de suas funções e perseguido por ser judeu. Em sua fuga para Israel, trabalhou temporariamente na Universidade de Cambridge. Morreu em 1934.

impossibilitada de importar o salitre do Chile para a fabricação de explosivos. Por meio desse processo, a Alemanha chegou a um nível de produção de 200 mil toneladas/ano. Atualmente, a produção mundial ultrapassa 150 milhões de toneladas/ano. No processo atual, parte do H_2 é gerada a partir do carvão ou dos hidrocarbonetos gasosos naturais, e o N_2 puro é extraído do ar.

Os catalisadores são produzidos pela fusão de Fe_3O_4, K_2O e $A\ell_2O_3$, acrescentando ainda pequenas quantidades de CaO, MgO e SiO_2, seguido da redução com hidrogênio molecular. O material formado é muito poroso, e o sítio ativo é constituído por ferro. Os demais componentes agem como promotores ou auxiliares de catálise. A amônia formada é removida por condensação, e os gases em equilíbrio voltam novamente para o processo (Figura 4.5). A principal aplicação da amônia é como fertilizante (80%), e estima-se que seu papel na produção de alimentos supera, em muito, a oferta natural desse nutriente na biosfera. Em menor escala, a amônia é empregada na indústria de polímeros (plásticos e fibras), na fabricação de HNO_3 e explosivos (TNT).

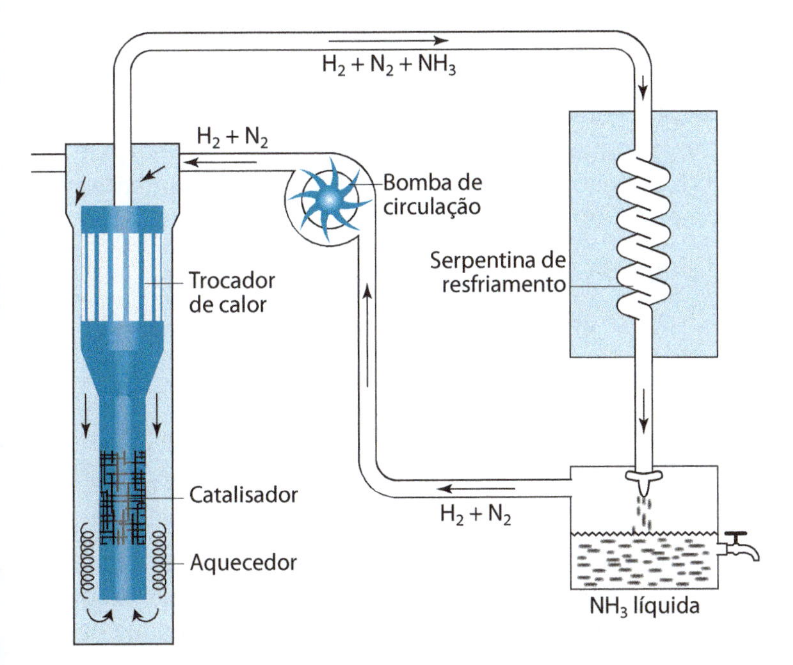

Figura 4.5
Esquema da logística utilizada na produção da amônia pelo processo Haber-Bosch.

Hidrazina e hidroxilamina

A hidrazina (ou diazano), N_2H_4 e a hidroxilamina, NH_2OH, são derivadas da amônia.

A hidrazina constitui um líquido incolor, de ponto de fusão 1,4 °C e ponto de ebulição 113,5 °C, com aspecto fumegante. Sua constante dielétrica é igual a 52. Assim como a amônia líquida, a hidrazina também apresenta capacidade de dissolver metais alcalinos, gerando elétrons solvatados. É uma base mais fraca que a amônia:

$$N_2H_4 + H_2O \rightleftharpoons N_2H_5^+ + OH^- \qquad K = 8{,}5 \times 10^{-7}\ mol\ L^{-1}.$$

A entalpia de formação da hidrazina é + 95 kJ mol^{-1}. Por essa razão, a hidrazina sofre decomposição com facilidade, e no estado puro é altamente explosiva. Na presença de catalisadores de Ir sobre -alumina ($A\ell_2O_3$), a reação é instantânea e produz uma elevação local de temperatura para cerca de 1.300 °C. Os gases liberados nessa temperatura saem como jatos, possibilitando o uso da hidrazina como combustível para propulsão de satélites artificiais. Os satélites empregam um pequeno reservatório de hidrazina, com cerca de 2 kg do líquido, suficiente para vários anos de operação.

$$N_2H_4 \rightarrow N_2 + 2H_2 \qquad \Delta H = -95\ kJ\ mol^{-1}\ (cat = Ir/A\ell_2O_3).$$

A hidroxilamina é um sólido que funde a 33 °C, e se decompõe com muita facilidade, mesmo em baixas temperaturas, produzindo NH_3, H_2O e N_2. Por aquecimento, é explosivo. É usado como agente redutor, especialmente para íons metálicos como Fe^{3+} e Ce^{4+}.

Comporta-se como base fraca:

$$NH_2OH + H_2O \rightleftharpoons NH_3OH^+ + OH^-$$
$$K = 6{,}6 \times 10^{-9}\ mol\ L^{-1}\ (25\ °C).$$

A diminuição na basicidade ao longo da série NH_3, N_2H_4 e NH_2OH é coerente com o aumento da eletronegatividade do substituinte no nitrogênio.

A fosfina (fosfano), a arsina (arsano) e a estibina (estibano) são pouco estáveis e muito reativas, inflamando-se espontaneamente no ar. São sempre acompanhadas de pequenas quantidades de difosfinas (difosfanos) ou diarsinas (diarsanos), P_2H_4 e As_2H_4, estruturalmente semelhantes à hidrazina.

A fosfina pode ser convenientemente obtida pela reação do fósforo branco em meio alcalino:

$$P_4 + 3H_2O + 3OH^- \rightarrow PH_3 + 3H_2PO_2^-.$$

A arsina e a estibina também podem ser obtidas pela redução de compostos de arsênio e antimônio com hidrogênio gerado em estado nascente, na mistura de zinco metálico com ácido.

Hidretos de carbono, silício e germânio

Os hidretos de carbono, silício e germânio mantêm alguma similaridade, por meio das séries C_nH_{2n+2}, Si_nH_{2n+2} e Ge_nH_{2n+2}, conhecidas como alcanos, silanos e germanos, respectivamente. As espécies mais simples estão representadas na Tabela 4.5 para fins de comparação. O estanho também forma hidretos do tipo S_nH_4.

Tabela 4.5 – Hidrocarbonetos, silanos e germanos

Série	P.F./°C	P.E./°C	Série	P.F./°C	P.E./°C	Série	P.F./°C	P.F./°C
CH_4	–184	–161	SiH_4	–185	–112	GeH_4	–165	–90
C_2H_6	–172	–88	Si_2H_6	–132	–14	Ge_2H_6	–109	+29
C_3H_8	–189	–42	Si_3H_8	–117	+53	Ge_3H_8	–106	+110

Essa série de compostos é tipicamente apolar e os pontos de fusão e de ebulição crescem com o aumento da massa molecular, em função das forças de van der Waals. Ao contrário do metano, o SiH_4, GeH_4 e o SnH_4 não ocorrem na natureza, e podem ser obtidos pela hidrólise dos silicetos ou germanetos de magnésio,

$$Mg_2Si(s) + 4H_2O(\ell) \rightarrow 2Mg(OH)_2(s) + SiH_4(g)$$
$$Mg_2Ge(s) + 4H_2O(\ell) \rightarrow 2Mg(OH)_2(s) + GeH_4(g)$$

ou pela redução de haletos de silício ou germânio com LiH ou $LiA\ell H_4$,

$$SiCl_4(\ell) + LiA\ell H_4(s) \rightarrow SiH_4(g) + LiC\ell(s) + A\ell C\ell_3(s)$$

$$GeCl_4(\ell) + LiA\ell H_4(s) \rightarrow GeH_4(g) + LiC\ell(s) + A\ell C\ell_3(s).$$

Na presença de água sofrem decomposição. A reação é acelerada na presença de base.

$$SiH_4(g) + 4H_2O(\ell) \rightarrow 2H_2(g) + SiO_2 \cdot 2H_2O(s).$$

Por aquecimento, o SiH_4 e o GeH_4 produzem uma mistura de compostos superiores, do tipo Si_2H_6, Si_3H_8 e Si_4H_{10}.

Ao contrário dos alcanos, que não reagem rapidamente com água e podem ser manipulados sob oxigênio, os silanos e os germanos são mais reativos, inflamando-se espontaneamente na presença de ar:

$$SiH_4(g) + 2O_2(g) \rightarrow SiO_2(s) + 2H_2O(v).$$

Hidrocarbonetos

Os hidrocarbonetos são compostos de carbono e hidrogênio, dos quais derivam todos os compostos orgânicos. O uso tem perpetuado a denominação clássica de **compostos orgânicos,** refletindo uma ideia antiga de que os compostos derivados do carbono seriam produzidos por organismos vivos, ao contrário dos **compostos inorgânicos** que seriam inerentes ao reino mineral. Na realidade, tanto os compostos orgânicos como os inorgânicos podem ser sintetizados por meio de processos químicos, sem qualquer participação de organismos vivos, e esse tipo de diferenciação não se justifica.

Existem quatro classes de hidrocarbonetos: os **alcanos,** que apresentam apenas ligações C—C simples; os **alcenos**, que apresentam uma ou mais ligações C═C; os **alcinos**, que apresentam uma ou mais ligações C≡C; e os **aromáticos**, que apresentam anéis benzênicos ou equivalentes. Além disso, existem as formas cíclicas dos alcanos, alcenos e alcinos.

A estereoquímica do carbono nos hidrocarbonetos restringe-se às geometrias tetraédrica, trigonal e linear, envolvendo ligações C—C do tipo simples, duplas e triplas, respectivamente. Associado a essa estereoquímica muito simples, está o fato de o carbono obedecer rigorosamente à regra do octeto.

Nos alcanos, o carbono participa das ligações com orbitais híbridos sp^3, combinando-se com outros orbitais dos átomos vizinhos. A molécula mais simples é a do metano, CH_4, cuja estrutura é rigorosamente tetraédrica, formada por quatro ligações σ(C—H) (sp^3-s), com ângulos internos de 109°, conforme mostrado no esquema.

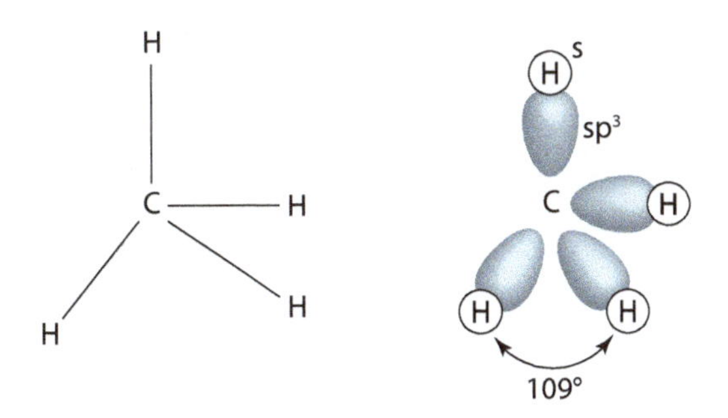

No eteno ou etileno, cada carbono apresenta geometria trigonal, formando ligações σC—C por meio de orbitais híbridos sp^2-sp^2, e duas ligações σC—H, do tipo sp^2-s. Os orbitais p remanescentes em cada carbono, formam uma ligação π perpendicular ao plano trigonal da molécula (veja esquema):

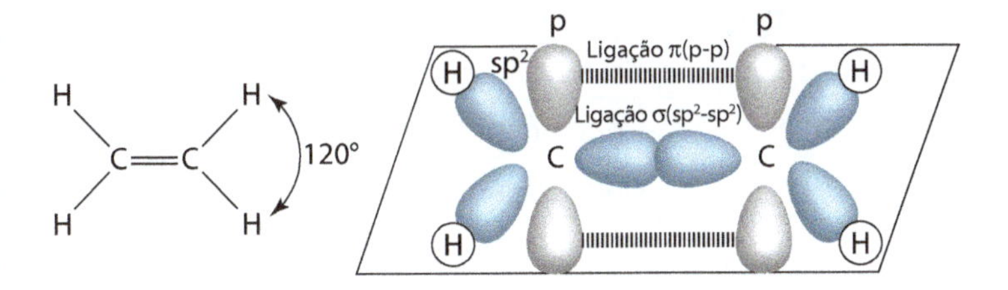

No etino ou acetileno, cada carbono apresenta geometria linear, formando uma ligação σC—C por meio de orbitais sp-sp, e uma ligação σC—H. Os orbitais p remanescentes em cada carbono formam duas ligações πC—C (veja esquema).

O que torna os compostos de carbono tão especiais é o número extraordinário de espécies e variedades conhecidas, atualmente na faixa de dezenas de milhões. Nesse sentido, os compostos de carbono perdem apenas para os compostos de hidrogênio, visto que estes abrangem tanto o universo orgânico como o inorgânico. A razão da existência de tantos compostos de carbono está na facilidade com que o elemento forma cadeias estáveis, com as mais variadas formas e tamanhos.

Alcanos

Os alcanos também são conhecidos como hidrocarbonetos saturados, pois contêm o número máximo possível de átomos de hidrogênio, unidos ao carbono por meio de ligações simples. Os alcanos formam uma série homóloga, ou seja, de compostos com a mesma fórmula geral C_nH_{2n+2}, e podem apresentar cadeias lineares ou ramificadas. Os dez alcanos lineares mais simples estão mostrados na Tabela 4.6.

Tabela 4.6 — Alcanos lineares

Nome	Fórmula	P. Ebulição/°C	Usos
Metano	CH_4	–162	Principal componente do gás natural
Etano	C_2H_6	–88	Componente secundário do gás natural
Propano	C_3H_8	–42	Componente do gás de botijão
n-**But**ano	C_4H_{10}	0	Componente do gás de botijão
n-**Pent**ano	C_5H_{12}	36	Componente da gasolina
n-**Hex**ano	C_6H_{14}	69	Componente da gasolina
n-**Hept**ano	C_7H_{16}	98	Componente da gasolina
n-**Oct**ano	C_8H_{18}	126	Componente da gasolina
n-**Non**ano	C_9H_{20}	151	Componente da gasolina
n-**Dec**ano	$C_{10}H_{22}$	174	Componente do querosene

Os nomes dos alcanos são precedidos dos prefixos met-, et-, prop-, but-, pent-, hex-, hept-, oct-, non-, dec-, undec-, dodec- etc., para indicar o número de átomos de carbono, igual a 1, 2, 3, 4, 5, 6, 7, 8, 9, 10, 11, 12..., respectivamente.

As moléculas de metano, etano e propano não admitem isômeros. Entretanto, a partir de quatro carbonos, os alcanos podem apresentar cadeias ramificadas, além das lineares. Dessa forma as cadeias lineares devem ser especificadas com a letra n- (normal) antes do nome, como o normal–butano, ou n-butano. A espécie com cadeia ramificada recebe o nome de isobutano ou, mais corretamente, metilpropano.

$$H_3C{-}\overset{H_2}{C}{-}\underset{H_2}{C}{-}CH_3 \qquad\qquad H_3C{-}\overset{\overset{CH_3}{|}}{\underset{\underset{H}{|}}{C}}{-}CH_3$$

n-Butano Isobutano ou metilpropano

Para os alcanos ramificados, a nomenclatura exige um pouco mais de cuidado. As regras da IUPAC (União Internacional de Química Pura e Aplicada) estabelecem os seguintes pontos:

Regra 1. A cadeia principal, que é formada pelo maior número de átomos de carbono, contínuos, determina o nome base do composto.

Regra 2. A numeração da cadeia principal deve ser iniciada pela ponta mais próxima da ramificação.

Regra 3. Os substituintes, designados pelo prefixo correspondente ao número de carbonos mais a terminação **il,** são adicionados ao nome da cadeia, com indicação numérica de suas posições, separadas por vírgulas. A presença de substituintes múltiplos é indicada pelos prefixos di, tri, tetra etc.

Por exemplo,

$$\underset{(8)}{H_3C}{-}\underset{(7)}{\overset{H_2}{C}}{-}\underset{(6)}{\underset{H_2}{C}}{-}\underset{(5)}{\overset{H}{C}}(CH_3){-}\underset{(4)}{\overset{H_2}{C}}{-}\underset{(3)}{CH}(\underset{(2)}{CH_2}{-}\underset{(1)}{CH_3}){-}CH_3$$

A cadeia contínua com maior número de carbonos apresenta oito átomos, correspondendo à do octano (Regra 1). Existem dois grupos metil, sendo que o mais próximo da ponta determina o início da enumeração da cadeia (Regra 2). Dessa forma, o nome do alcano será 3,5-dimetiloctano.

Os alcanos mais leves podem ser extraídos das reservas de gases naturais, para uso como combustível. A produção brasileira de gás natural situa-se em torno de 9×10^9 m^3/ano, crescendo a um ritmo de 4,5% ao ano.

Alcenos ou olefinas

As moléculas de alcenos apresentam uma ou mais ligação C=C e seguem a fórmula geral C_nH_{2n}. O alceno mais simples é o eteno ou etileno, C_2H_4, que é o quarto produto químico mais utilizado pela indústria química, e o primeiro, na divisão dos compostos orgânicos. A nomenclatura dos alcenos tem sido estabelecida pela IUPAC de forma semelhante à dos alcanos, mantendo-se os prefixos designativos do número de carbonos, e acrescentando a terminação **eno**. Por exemplo,

Eteno (ou etileno) Propeno (ou propileno)

Para os alcenos com mais de quatro átomos de carbono, é necessário identificar a posição da dupla ligação na cadeia, cuja proximidade em relação a um dos extremos, estabelece o sentido da enumeração. Por exemplo:

$$CH_2{=}CH{-}CH_2{-}CH_2{-}CH_3$$

1-penteno

$$CH_3{-}CH{=}CH{-}CH_2{-}CH_3$$

2-penteno

$$CH_3{-}CH{=}CH{-}CH(CH_3){-}CH(CH_3){-}CH_3$$

4,5-dimetil-2-hexeno

Alcinos

Os alcinos são hidrocarbonetos que apresentam uma ou mais triplas ligações na molécula, e seguem a fórmula geral C_nH_{2n-2}. O composto mais simples é o etino ou acetileno, C_2H_2,

$$H{-}C{\equiv}C{-}H$$

etino (acetileno)

O acetileno é um composto gasoso importante em síntese orgânica e, também, é usado como combustível. Sua queima com oxigênio produz uma chama de alta temperatura (3.000 °C), suficiente para cortar metais duros, como aço.

A nomenclatura dos alcinos é semelhante à dos alcenos; a proximidade da tripla ligação determina a ponta da cadeia para início da enumeração. Por exemplo:

$$CH_3{-}CH_2{-}C{\equiv}C{-}CH_2{-}CH_2{-}CH(CH_3){-}CH_3$$

7-metil-3-octino

Hidrocarbonetos cíclicos

Os cicloalcanos apresentam fórmula geral C_nH_{2n}, e podem ser confundidos com os alcenos. O comportamento químico, entretanto, é semelhante ao dos alcanos. Os compostos mais simples são o ciclopropano, ciclobutano e o ciclopentano, sendo que os dois primeiros apresentam tensão interna, em razão do fato de os ângulos serem menores que o tetraédrico.

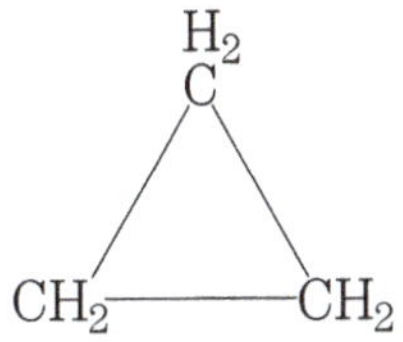

Ciclopropano

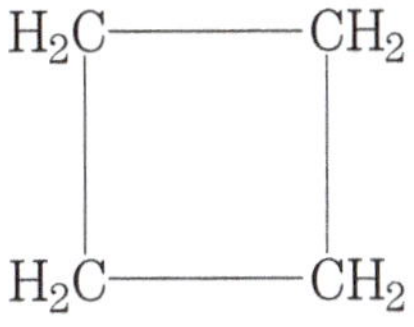

Ciclobutano

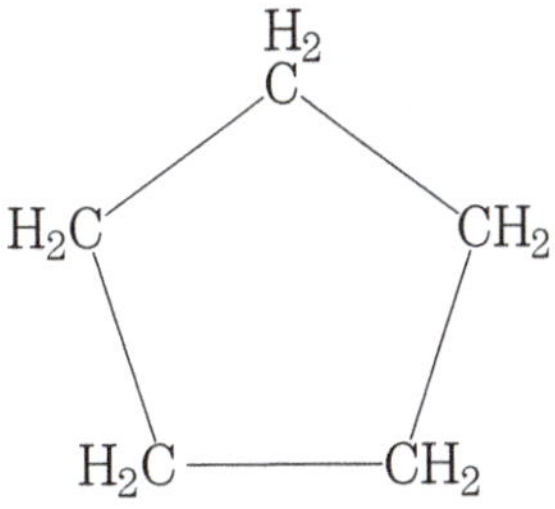

Ciclopentano

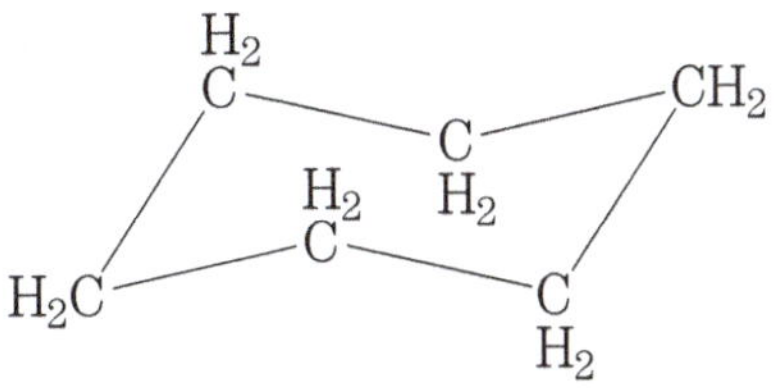

Ciclo-hexano

Os cicloalcenos são hidrocarbonetos cíclicos insaturados. Um exemplo típico é o ciclo-hexeno, usado como estabilizante em gasolina.

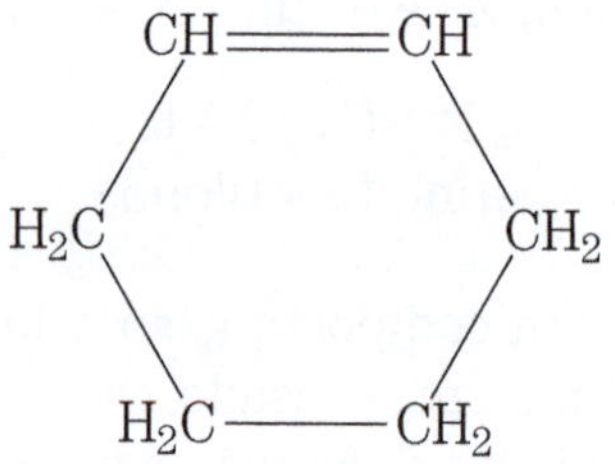

CH=CH

H_2C CH_2

H_2C—CH_2

Ciclo-hexeno

Hidrocarbonetos aromáticos

Os hidrocarbonetos aromáticos formam uma classe à parte, caracterizada pela presença de um ou mais anéis benzênicos na molécula. O nome é derivado da palavra aroma, por lembrar um cheiro às vezes agradável, porém não deve ser tomado como referência. O benzeno, que é a molécula mais simples, foi isolado pela primeira vez por Faraday, em 1825, em experimentos de pirólise de óleo de peixe. Sua estrutura cíclica foi proposta por Kekulé, em 1858, inspirado em um sonho com a figura do ouroboros, uma serpente abocanhando sua própria cauda. O benzeno apresenta um anel hexagonal de seis átomos, com seis ligações equivalentes. Isso pode ser representado por estruturas híbridas de ressonância, do tipo:

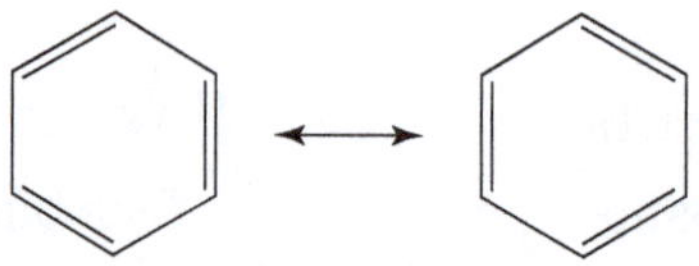

ou melhor, pela representação de Linnett, ou de círculo:

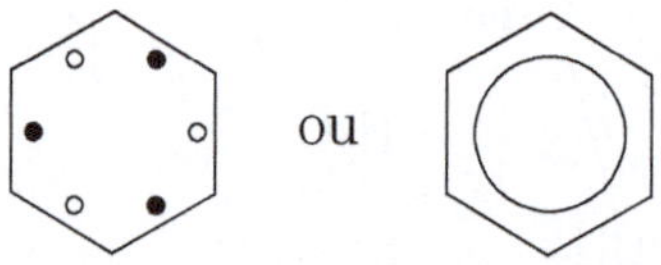

ou

Essa última é mais coerente com a teoria dos orbitais moleculares, que mostra a presença de seis elétrons emparelhados em orbitais de simetria , distribuídos sobre toda a molécula.

Alguns compostos aromáticos substituídos estão relacionados a seguir. A numeração no anel se inicia pelo carbono ligado à ramificação. As posições vizinhas, de números 2, 3 e 4, também recebem a denominação **orto, meta** e **para**, respectivamente.

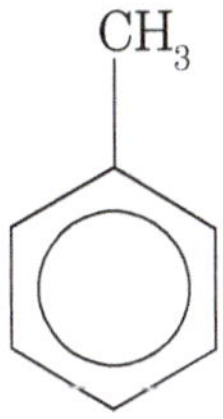

Tolueno ou metilbenzeno

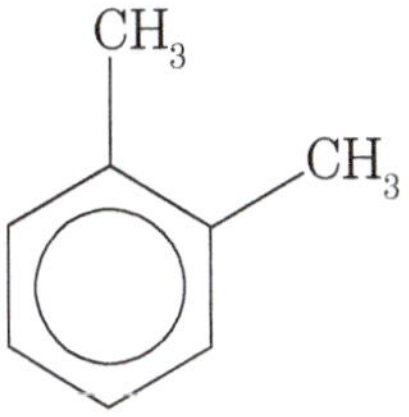

1,2-dimetilbenzeno ou orto-xileno

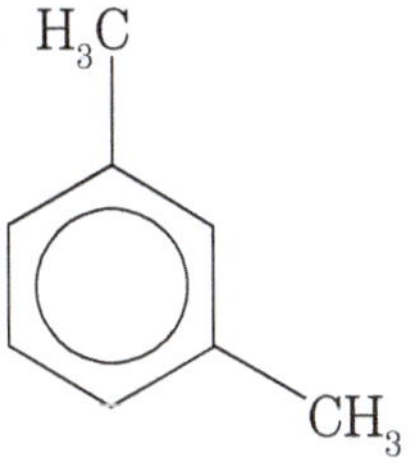

1,3-dimetilbeneno ou meta-xileno

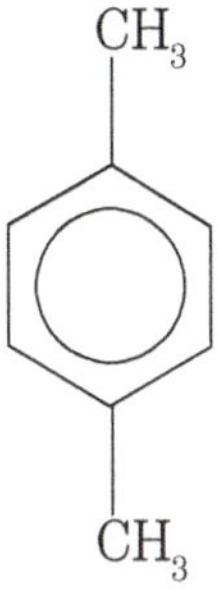

1,4-dimetilbenzeno ou para-xileno

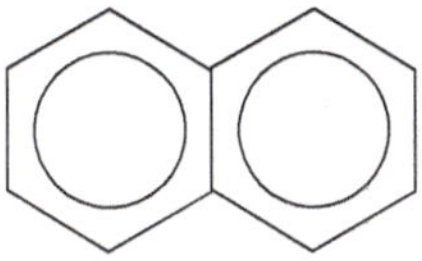

Naftaleno

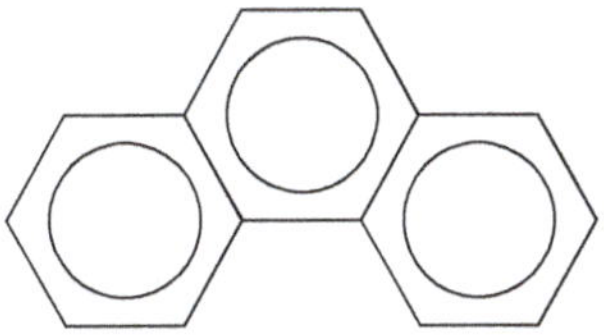

Fenantreno

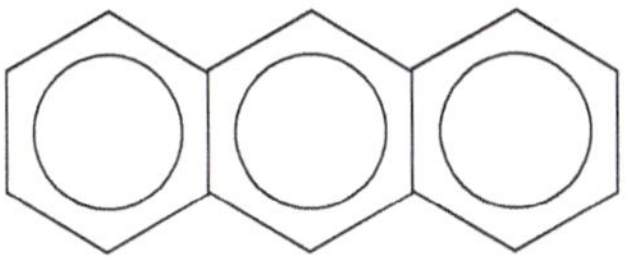

Antraceno

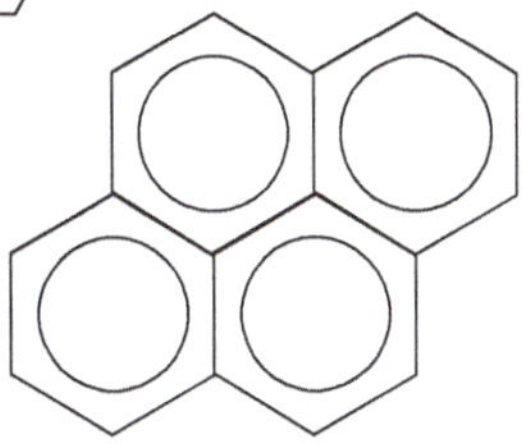

Pireno

Propriedades químicas dos hidrocarbonetos

Os alcanos não são muito reativos na presença da maioria dos reagentes químicos convencionais, e só reagem rapidamente na presença de catalisadores, a temperaturas relativamente elevadas, como é o caso de sua reação com vapor de água, produzindo H_2 e CO. Também são reativos em processos radicalares, como é o caso das reações de combustão, ou com $C\ell_2$, na presença de luz ultravioleta (reação fotoquímica).

$$CH_4 + C\ell_2 \rightarrow CH_3C\ell + HC\ell \qquad \text{(luz UV ou T > 120 °C).}$$

Os alcenos e alcinos são mais reativos que os alcanos, em virtude da presença de duplas e triplas ligações nas moléculas. Uma reação típica dessas espécies é a de *adição à dupla ou tripla ligação.* A reação de adição pode ser observada na presença de hidrogênio (hidrogenação), cloro (cloração) e muitas outras espécies, incluindo $HC\ell$ e vapor de H_2O, geralmente na presença de catalisadores, formando compostos saturados. As reações de adição são muito usadas para a obtenção de polímeros.

Exemplos:

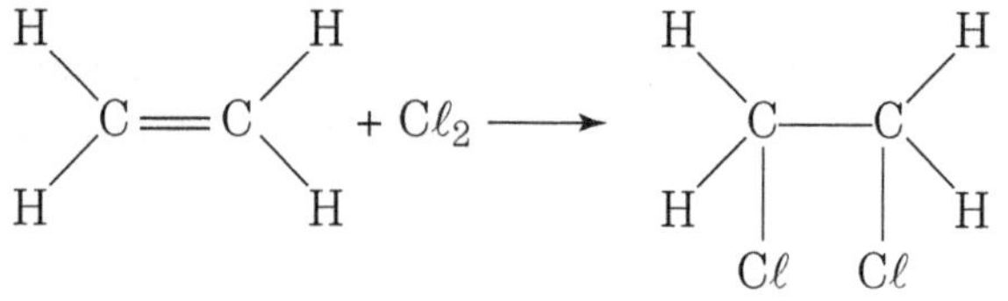

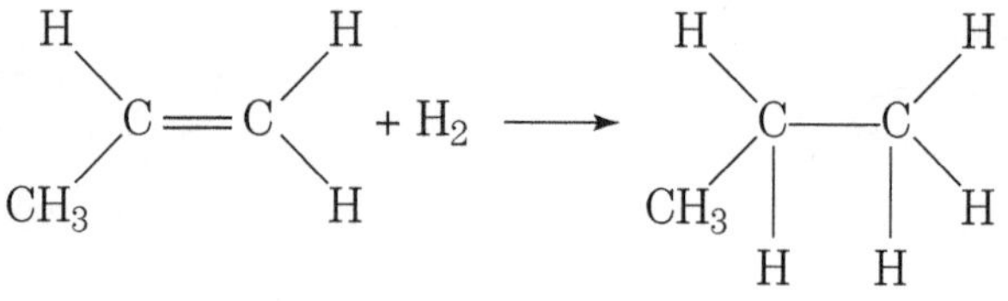

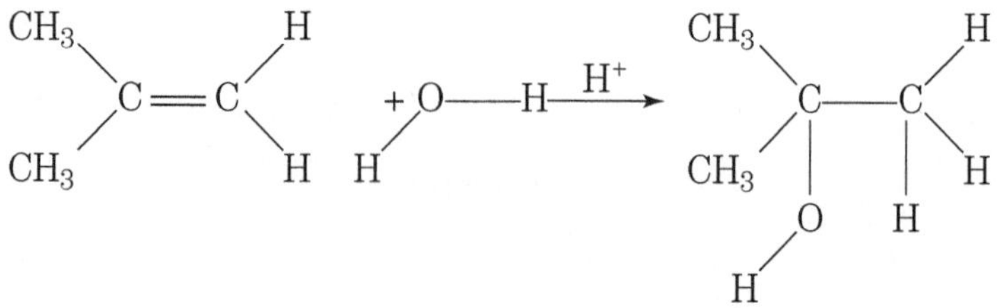

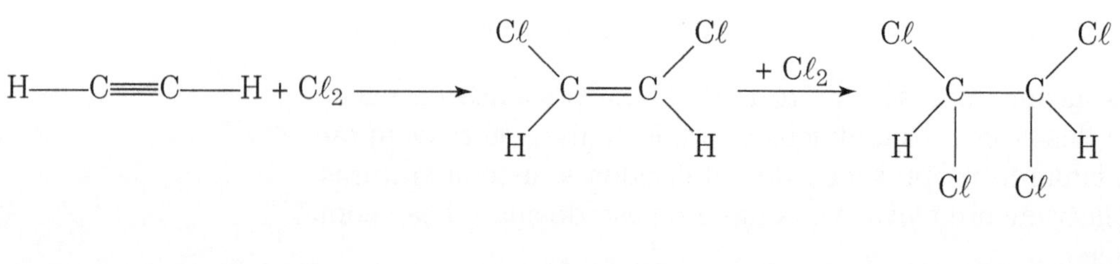

$$H_2C{=}CH_2 + C\ell_2 \longrightarrow H_2C(C\ell){-}C(C\ell)H_2$$

$$(CH_3)HC{=}CH_2 + H_2 \longrightarrow (CH_3)H_2C{-}CH_3$$

$$(CH_3)_2C{=}CH_2 + H{-}O{-}H \xrightarrow{H^+} (CH_3)_2C(OH){-}CH_3$$

$$H{-}C{\equiv}C{-}H + C\ell_2 \longrightarrow (C\ell)HC{=}CH(C\ell) \xrightarrow{+\,C\ell_2} (C\ell)_2HC{-}CH(C\ell)_2$$

Os compostos aromáticos são menos reativos que os alcenos e os alcinos, porém sofrem reações de substituição na presença de catalisadores adequados, como no exemplo:

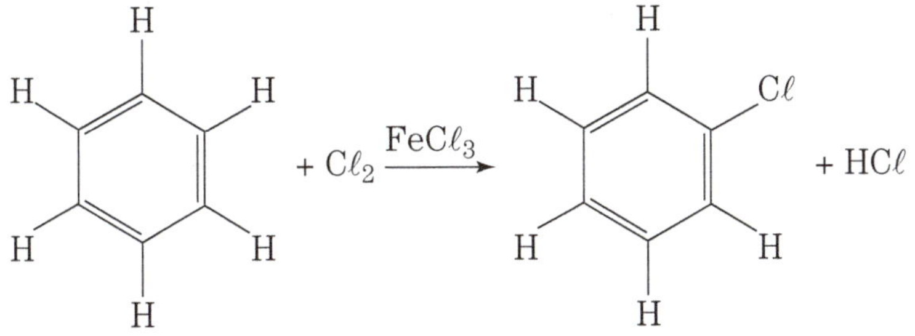

$$+\ C\ell_2 \xrightarrow{FeC\ell_3} \quad + HC\ell$$

Uma reação que ocorre facilmente com todos os hidrocarbonetos é a combustão, sendo o fator responsável, a grande liberação de energia que acompanha a formação dos produtos mais estáveis, CO_2 e H_2O:

$$C_2H_6 + 7/2O_2 \rightarrow 2CO_2 + 3H_2O \qquad \Delta H = -1.560 \text{ kJ mol}^{-1}$$

$$C_2H_4 + 3O_2 \rightarrow 2CO_2 + 2H_2O \qquad \Delta H = -1.410 \text{ kJ mol}^{-1}$$

$$C_2H_2 + 5/2O_2 \rightarrow 2CO_2 + H_2O \qquad \Delta H = -1.301 \text{ kJ mol}^{-1}$$

Um grande número de compostos pode ser derivado a partir da substituição de um ou mais átomos de hidrogênio nos hidrocarbonetos por grupos funcionais específicos, que caracterizam as chamadas funções orgânicas. Os principais tipos estão reunidos na Tabela 4.7.

O petróleo e a petroquímica

Os hidrocarbonetos são encontrados na natureza, sob a forma de petróleo e de gás natural. Sua origem é a decomposição natural dos compostos orgânicos depositados na biosfera, ao longo de milhões de anos, e que se acumularam em rochas sedimentares de arenito e calcário (Figura 4.6), em regiões favoráveis sob o ponto de vista geológico.

Assim, o petróleo é encontrado no interior dessas rochas, em cavidades de dimensões micro e nanométricas, exigindo muito esforço para sua liberação. Geralmente isso é realizado pela injeção de água, sob alta pressão, com um rendimento extrativo do petróleo existente em torno de 30%.

Tabela 4.7 – Classes de compostos orgânicos baseados em grupos funcionais

Tipos	Classe decomposto	Exemplo típico	Nome	Uso típico
$R\text{-}NH_2$	Aminas Orgânicas	CH_3NH_2	Metilamina	Curtume
$R—X$	Haleto Orgânicos	$CH_3C\ell$	Clorofórmio	Solvente
$R—OH$	Álcool	CH_3CH_2OH	Etanol	Combustível
$Ar—OH$	Fenol	C_6H_5OH	Fenol	Desinfetante
$R—C(=O)—H$	Aldeído	$H_2C{=}O$	Formaldeído	Conservante
$R—C(=O)—OH$	Ácido carboxílico	$H_3C—C(=O)—OH$	Ácido acético	Vinagre
$R—C(=O)—R'$	Cetona	$H_3C—C(=O)—CH_3$	Acetona	Solvente
$R—O—R'$	Éter	$C_2H_5—O—C_2H_5$	Éter etílico	Anestésico
$R—C(=O)—OR'$	Éster	$H_3C—C(=O)—OC_2H_5$	Acetato de etila	Solvente para esmalte de unha
$R—C(=O)—HN—R'$	Amida	$R—C(=O)—NH_2$	Acetamida	Plastificante

A maior parte do petróleo continua aprisionada nas rochas, constituindo um grande desafio tecnológico a ser vencido no presente.

No petróleo se encontram alcanos, cicloalcanos, alcenos e aromáticos em diversas proporções, além de substâncias complexas como os asfaltenos que promovem a retenção do fluído no interior da rocha. Seu papel mais importante ainda está na composição da grade energética que sustenta a sociedade. No Brasil, 39,5% da energia pro-

Rocha de calcáreo petrolífera

Rocha de arenito petrolífera

Figura 4.6
Rochas petrolíferas de calcário e arenito.

vém do petróleo e 8% do gás natural, comparado com 35% e 21%, respectivamente, em todo o mundo. Entretanto, o Brasil utiliza 13% de recursos da biomassa e 15% em álcool de cana de açúcar, com um total de 28%, em comparação com 11% na escala mundial. Incluindo a contribuição de 14,5% da energia elétrica, o Brasil utilizada cerca de 43% em energia renovável, comparado com apenas 14% em todo o mundo.

Apesar desses dados positivos, a dependência do Brasil em relação ao petróleo e ao gás natural continua muito grande. O preço do petróleo está atrelado à economia global, e tem sido crescente, chegando a passar de U$ 20 a U$ 126/barril em duas décadas, com picos e oscilações provocadas pela instabilidade política dos países produtores do oriente médio. No Brasil, a produção interna de petróleo passou de $1{,}27 \times 10^6$ barril/dia em 2.000 para $2{,}3 \times 10^6$ em uma década. São grandes as expectativas de crescimento após a descoberta e a exploração das reservas mais profundas, na região do pré-sal. Com isso, a produção poderá ultrapassar $3{,}3 \times 10^6$ barril/dia nos próximos anos, o que colocará o País entre os dez maiores produtores mundiais. Contudo, os desafios do pré-sal são imensos, pois o petróleo se encontra em rochas calcárias em profundidades da ordem de 7 km, atravessando uma camada de sal de cerca de 2 km de espessura.

A presença dessa camada de sal é curiosa, e sua origem data dos tempos em que os continentes eram interligados, formando a Pangea (cerca de 200 milhões de anos atrás). Com o afastamento dos continentes, formaram-se mares confinados que foram se evaporando, depositando extensas camadas de sal sobre o material orgânico que deu

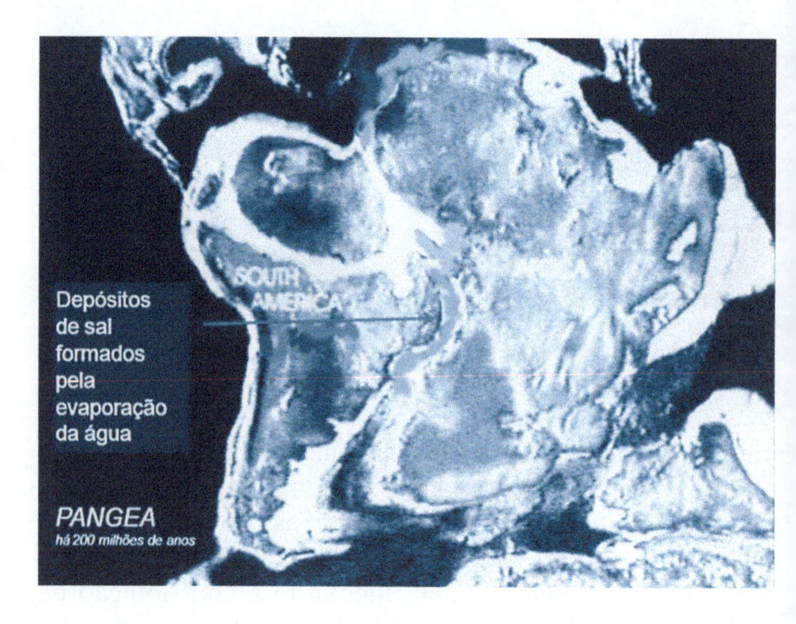

Figura 4.7
Formação dos depósitos de petróleo pré-sal no período da separação intercontinental da Pangea, há 200 milhões de anos.

origem ao petróleo. A Figura 4.7 explica a razão de as reservas do pré-sal estarem localizadas nas costas brasileiras na região de Santos e Campos, nos estados de São Paulo e Rio de Janeiro.

O petróleo passa por um processo de destilação (Figura 4.8) do qual se obtém um grande número de frações, classificadas em função das faixas de ponto de ebulição, conforme pode ser visto na Tabela 4.8.

Tabela 4.8 — Produtos da destilação do petróleo

Fração	Composição	Faixa de pontos de ebulição (°C)	Usos
Gás	C_1-C_4	–160 a 30	Gás combustível
Gasolina	C_5-C_{12}	30 a 200	Combustível para automotores
Querosene	C_{12}-C_{18}	180 a 400	Combustível para motor diesel
Óleos lubrificantes	acima de C_{17}	acima de 350	Lubrificantes
Parafinas	acima de C_{20}	-	Velas
Asfalto	acima de C_{36}	-	Pavimentação

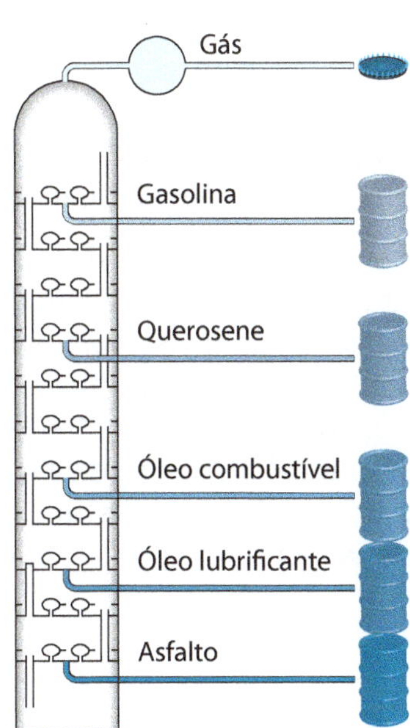

Figura 4.8
Torre de fracionamento do petróleo e ilustração representativa de corte.

Em razão do maior interesse nos derivados mais voláteis para uso como combustível automotivo e doméstico, as refinarias de petróleo costumam submeter as frações mais pesadas a um processo conhecido como craqueamento (*cracking* = quebra). O simples aquecimento dessas frações a temperaturas elevadas, sob pressão, na ausência de ar, leva ao rompimento das cadeias longas, formando principalmente alcanos e alcenos de cadeias menores. O uso de catalisadores, principalmente à base de silicatos conhecidos como zeolitas, permite trabalhar com pressões menores e com maior rendimento. Uma reação típica de craqueamento é a seguinte:

$$C_{16}H_{34} \xrightarrow[\text{P.T.Cat.}]{} C_8H_{18} + C_8H_{16}.$$

A gasolina, obtida diretamente da destilação do petróleo, contém alto teor de hidrocarbonetos de cadeias lineares, os quais sofrem combustão muito rapidamente e provocam as indesejáveis “batidas de pino” do motor, prejudicando o rendimento do veículo. O processo de craqueamento gera uma gasolina de melhor qualidade, que entra em combustão de forma mais controlada. O alcano que produz o melhor desempenho é o isooctano, ou 2,2,4-trimetilpentano, e recebe um índice de octano arbitrário igual a 100. Para um motor funcionar bem, a gasolina não pode detonar antes do momento programado. A resistência à detonação é medida pelo índice de octanagem. O de pior desempenho é o n-heptano, que corresponde a um índice de octano igual a zero.

Para avaliar o índice de octano de uma gasolina, é feita uma comparação de seu desempenho em relação a várias misturas de n-heptano e isooctano. Se essa gasolina apresentar um desempenho equivalente ao de uma mistura de 90% de isooctano e 10% de n-heptano, o índice de octano será igual a 90, e pode ser considerado satisfatório. Atualmente, existem substâncias com desempenho superior ao do isooctano e, portanto, com índice de octano maior que 100.

Há poucos anos, era comum o emprego do tetraetilchumbo, $Pb(C_2H_5)_4$, como aditivo para aumentar o índice de octano. Hoje, esse aditivo foi eliminado, em virtude dos problemas de saúde e ambientais provocados pelo chumbo. O etanol apresenta um índice de octano igual a 108, e vem sendo usado como aditivo na gasolina para melhorar seu desempenho. O álcool t-butílico e o éter metil t-butílico apresentam índices de octano iguais a 113 e 116, respectivamente, e também vêm sendo usados como aditivos de gasolina em muitos países. O tolueno apresenta um índice de octano igual a 118.

O reprocessamento catalítico das frações mais leves do petróleo, mediante passagem sobre catalisadores à base de metais nobres (Pt, Pd, Rh, Ir, Au, Ag), em temperaturas elevadas, é capaz de promover a desidrogenação de cadeias lineares, formando espécies aromáticas como o benzeno e o tolueno, de maior índice de octano. Esse tratamento é de grande importância, pois conduz a uma gasolina de melhor qualidade. Outro processo muito importante é denominado craqueamento catalítico fluidizado (FCC). Esse processo conduzido a 650 °C-750 °C converte os resíduos e óleos em frações mais leves como gasolina e olefinas. O catalisador utilizado opera em leito fluidizado, e é composto por partículas micrométricas porosas que encerram nanoestruturas de alumina, caulim e zeólitas, responsáveis pelo craqueamento e pela isomerização dos hidrocarbonetos. O catalisador de FCC sofre lento envenenamento por depósitos de coque na superfície, podendo ser regenerado por queima a

700 °C em contracorrente de ar. O produto de combustão, entretanto, libera altos teores de óxidos de enxofre e óxidos de nitrogênio para a atmosfera, criando um problema ambiental muito sério para as refinarias.

Aminas Alifáticas e Aromáticas

As aminas orgânicas são derivadas da substituição de um ou mais átomos de hidrogênio da amônia, por grupos alquila ou arila. As propriedades desses compostos assemelham-se às da amônia; suas características são predominantemente básicas.

$$R{-}NH_2 + H_2O \rightleftharpoons R{-}NH_3^+ + OH^-.$$

A amina alifática mais simples é a metilamina, CH_3NH_2. A amina aromática mais simples é o aminobenzeno ou anilina. Existem ainda aminas cíclicas, que pertencem à classe dos compostos heterocíclicos, visto que o anel incorpora um elemento diferente do carbono. Exemplos típicos são o pirrol, o imidazol, a piridina, a pirazina e a triazina.

$H_3C{-}NH_2$ — Metil amina

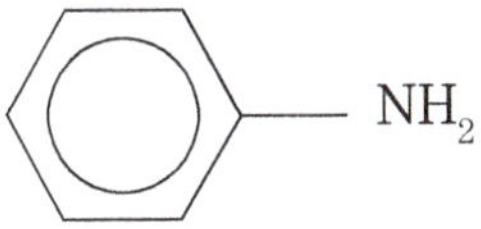

NH_2 — Anilina

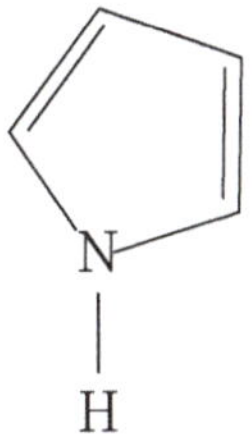

N, H — Pirrol

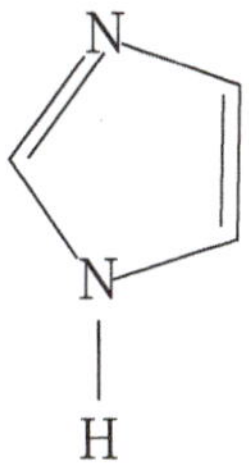

N, N, H — Imizadol

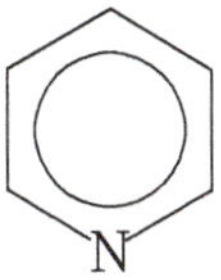

N — Piridina

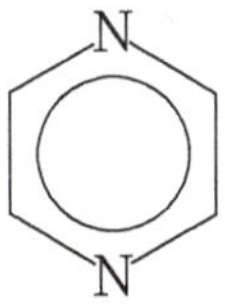

N, N — Pirazina

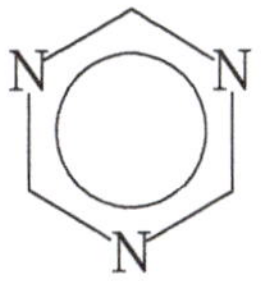

N, N, N — Triazina

As aminas orgânicas, em geral, apresentam odor muito forte, pouco agradável. As alifáticas têm cheiro de peixe ou de material orgânico em decomposição. De fato, a degradação de proteínas leva à formação de diaminas, conhecidas como putrescina e cadaverina, que dão o odor fétido característico:

$$H_2N—CH_2—CH_2—CH_2—CH_2—NH_2$$

1,4-diaminobutano (putrescina)

$$H_2N—CH_2—CH_2—CH_2—CH_2—CH_2—NH_2$$

1,5-diaminopentano (cadaverina)

Hidretos de Boro

A química dos hidretos de boro, ou boranas, foi investigada no início do século passado por A. Stock (1912) e redescoberta por W. Lipscomb, que recebeu o Prêmio Nobel de 1976, por seus trabalhos nesse campo.

De acordo com sua posição na tabela periódica, o BH_3 deveria ser a espécie mais simples da série, entretanto, essa molécula apresenta o átomo de boro com valência incompleta. Por isso, na realidade, a espécie mais simples é o diborano B_2H_6, cuja estrutura e parâmetros de ligação estão mostrados a seguir:

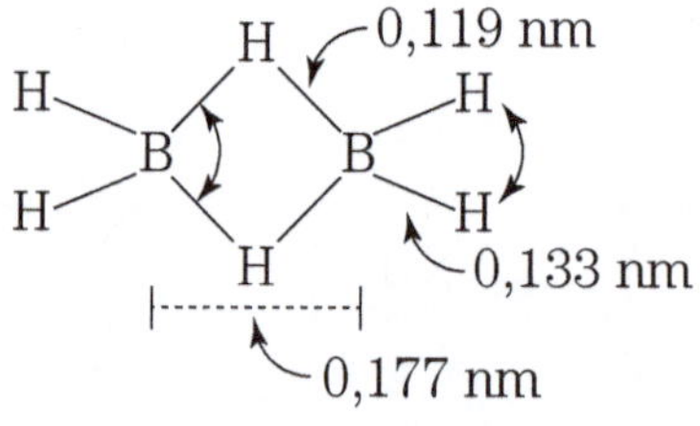

0,119 nm
0,133 nm
0,177 nm

Diborano

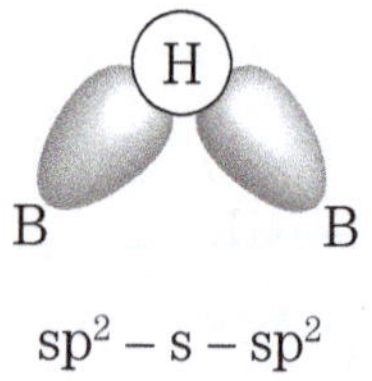

$sp^2 - s - sp^2$

Ligação tricêntrica

Um aspecto interessante da estrutura do diborano e de toda a série de boranos é a formação de ligações tricêntricas entre os orbitais **s** do H e os híbridos sp^3 do boro. Nessas ligações o par eletrônico fica distribuído entre os três orbitais, simultaneamente.

O diborano constitui um gás, de ponto de fusão –165,6 e ponto de ebulição –92,5 °C, que pode ser preparado de inúmeras maneiras, das quais a mais usada é a redução do BF_3 com LiH em éter. Na presença de excesso de LiH forma-se o íon BH_4^-, tetraédrico, que é um dos reagentes mais usados na química dos boranos.

O íon BH_4^- forma sais estáveis com metais alcalinos do tipo $LiBH_4$ e $NaBH_4$, que são reagentes redutores muito úteis, a exemplo do LiH e $LiA\ell H_4$. Em solução aquosa, o íon boro–hidreto (BH_4^-) produz diborano, com desprendimento de hidrogênio:

$$2BH_4^-(aq) + 2H^+(aq) \rightarrow B_2H_6(g) + 2H_2(g).$$

A reação é muito rápida em meio ácido, porém em meio alcalino o íon BH_4^- resiste por vários minutos e pode ser empregado como reagente convencional nos processos preparativos.

O diborano também reage com água, formando ácido bórico e hidrogênio:

$$B_2H_6(g) + 6H_2O \rightarrow 2B(OH)_3 + 6H_2(g).$$

Na presença de aminas o diborano forma adutos simples:

$$\frac{1}{2}B_2H_6 + N(CH_3)_3 \rightleftharpoons H_3B{-}N(CH_3)_3$$

Por aquecimento o diborano produz uma mistura de boranas de composição B_nH_{n+4}, e B_nH_{n+6} denominadas nidoboranas e aracnoboranas, pelo fato de suas estruturas serem parecidas com ninho e aranhas, respectivamente. Existe, ainda, uma classe de boranas com estrutura de gaiola, denominada closo-boranas; $B_nH_n^{2-}$, por exemplo $B_6H_6^{2-}$ e $B_{12}H_{12}^{2-}$. As estruturas de algumas nido, aracno e closo-boranas estão mostradas a seguir:

B_4H_{10} B_5H_9 $B_6H_6^{2-}$

Haletos

Os haletos constituem uma série muito grande de compostos englobando praticamente todos os elementos da Tabela Periódica, com exceção de alguns gases nobres (He, Ne, Ar). Em virtude de suas eletronegatividades elevadas, os haletos quase sempre apresentam carga parcial negativa nos compostos. A classificação dos haletos pode ser feita em três grandes grupos:

a) Haletos iônicos ou salinos, formados com metais alcalinos e alcalinoterrosos.

b) Complexos de haletos metálicos ou de metais de transição.

c) Haletos covalentes, formados com elementos representativos não metálicos ou semimetálicos.

Haletos de elementos metálicos

Os elementos metálicos, em geral, tendem a formar haletos com caráter iônico pronunciado, que cresce no sentido da família dos metais alcalinos na Tabela Periódica. As propriedades dos haletos iônicos são típicas dos compostos iônicos em geral, com pontos de fusão elevados e solubilidade preferencial em solventes polares. Os haletos de metais de transição são mais bem descritos como compostos de coordenação, nos quais o haleto é um ligante que se coordena ao íon metálico central.

Haletos covalentes

Em geral, os haletos covalentes são compostos voláteis, cujos pontos de fusão e ebulição crescem com o número atômico ou peso molecular.

Os haletos de elementos leves, B, C, N e O, formam estruturas mais simples, não ultrapassando as quatro ligações determinadas pelo octeto eletrônico. Os elementos do terceiro período em diante já dispõem de orbitais *d* vazios na última camada e, dessa forma, é possível a expansão do octeto, com a utilização dos orbitais *d* mais externos. A limitação do número de ligações passa a ser determinada pelas repulsões de natureza estérica entre os haletos ligados ou coordenados ao elemento central. O número de coordenação nesses casos pode chegar a seis, com uma distribuição octaédrica dos pares eletrônicos de valência.

Um aspecto interessante da estrutura dos haletos covalentes é a possibilidade de previsão de sua estereoquímica, com base na teoria de repulsão dos pares eletrônicos da camada de valência (TRPEV).

Haletos dos Gases Nobres

Em 1962, Neil Bartlett mostrou que a mistura dos gases PtF_6 e oxigênio produzia um sólido vermelho de composição $[O_2^+][PtF_6^-]$. Sabendo que o potencial de ionização do O_2 (1.175 kJ mol^{-1}) era muito semelhante ao do Xe (1.170 kJ mol^{-1}), ele achou interessante repetir o experimento, usando xenônio no lugar do oxigênio. O resultado desse experimento foi um sólido que parecia ser $[Xe^+][PtF_6^-]$ por analogia com o dioxigênio. Essa descoberta causou impacto, pois destruiu a crença de que os gases inertes não podiam formar compostos. Na realidade, a composição desse sólido mostrou ser bem mais complexa, com várias espécies do tipo $[XeF^+][PtF_5]^-$, $[XeF^+][Pt_2F_{11}]^-$ e $[Xe_2F_3^+][PtF_6^-]$ presentes. Mais tarde, os compostos XeF_2, XeF_4 e XeF_6 foram obtidos pela reação direta do Xe com F_2, sob aquecimento, fazendo uma elevação progressiva de pressão no caso do tetra e do hexafluoreto. Esses fluoretos são estáveis quando secos e puros.

O XeF_2 apresenta estrutura linear, e o XeF_4, quadrado planar; ambas estão de acordo com a TRPEV. A estrutura do XeF_6 abriga sete pares eletrônicos na camada de valência, sendo possível prever uma geometria octaédrica distorcida de acordo com a TRPEV.

Inter-halogênios

Os inter-halogênios formam uma classe de compostos de coordenação de composição geral $XX'n$, onde n = 1, 3, 5, 7. O valor de n é sempre ímpar (caso contrário, o produto teria caráter de radical) e depende de dois fatores:

1. diferença de eletronegatividade;
2. diferença de tamanho.

Ambos os fatores atuam no mesmo sentido, de tal forma que, quanto maior a diferença de tamanho e de eletronegatividade, maior será o número de coordenação ao redor do íon central.

Assim, são conhecidas as seguintes moléculas:

$C\ell F$	$C\ell F_3$		
BrF	BrF_3	BrF_5	
IF	IF_3	IF_5	IF_7

Os átomos grandes e de eletronegatividades semelhantes, como o Br, I e $C\ell$ formam apenas compostos mais simples, como o IBr, $BrC\ell$ e $IC\ell$.

O flúor tende a formar um número elevado de ligações; de modo que moléculas do tipo IF só são conhecidas por meio de evidências espectroscópicas, surgindo como espécies transientes.

Todos os haletos fluorados são muito reativos, especialmente o $C\ell F_3$, sendo, por essa razão, frequentemente usados como agentes fluorantes.

Na presença de água, os halogênios apresentam um equilíbrio de desproporcionamento do tipo,

$$X_2 + H_2O \rightleftharpoons X(OH) + XH.$$

Quando os halogênios são dissolvidos em solução na presença de íons haletos, formam-se íons poli-haletos, do tipo:

$$C\ell_2 + C\ell^- \rightleftharpoons C\ell_3^- \quad K = 0{,}01\ mol^{-1}\ L$$

$$Br_2 + Br^- \rightleftharpoons Br_3^- \quad K = 17{,}8\ mol^{-1}\ L$$

$$I_2 + I^- \rightleftharpoons I_3^- \quad K = 725\ mol^{-1}\ L.$$

O iodo, que é pouco solúvel em água, tem sua solubilidade muito aumentada na presença de íons iodeto, em razão da formação do íon I_3^-.

Haletos dos calcogênios

Os compostos com oxigênio serão discutidos na próxima seção. Com exceção do oxigênio, os calcogênios formam compostos com dois ou quatro átomos de halogênio, ou até seis, no caso do flúor.

Os elementos, S, Se e Te reagem diretamente com flúor, formando SF_6, SeF_6 e TeF_6, todos octaédricos, muito estáveis e pouco susceptíveis a hidrólise. A estabilidade está relacionada, em parte, à saturação dos pontos de ligação no octaedro, pelos fluoretos que protegem o elemento central contra o ataque de bases.

O SF_6 apresenta-se estável mesmo sob altas tensões elétricas, sendo, por isso, usado como gás isolante em transformadores.

O cloro forma com S, Se, Te, compostos com até quatro ligações, do tipo $SC\ell_4$, $SeC\ell_4$ e $TeC\ell_4$. Esses compostos apresentam configuração derivada da bipirâmide trigonal (simetria C_{2v}) com um ponto livre no plano do triângulo, ocupado por um par eletrônico. Esse ponto possibilita o ataque de bases nos orbitais *d* vazios, promovendo a hidrólise dos compostos:

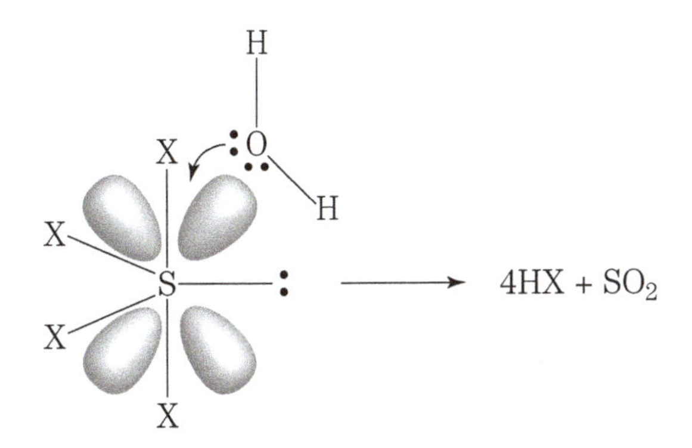

Existem ainda haletos do tipo S_2X_2 dos quais o $S_2C\ell_2$ é o mais importante. Trata-se de um líquido oleoso, formado pela reação do cloro com enxofre em fusão. A reação com excesso de cloro, na presença de $FeC\ell_3$ como catalisador, produz o $SC\ell_2$, um líquido vermelho que, em temperatura ambiente, se dissocia em $S_2C\ell_2$ + $C\ell_2$. As estruturas desses dois haletos de enxofre estão mostradas a seguir.

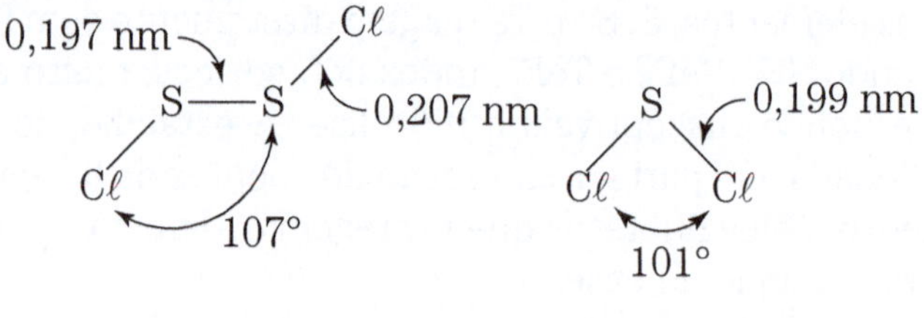

0,197 nm 0,207 nm 107° 0,199 nm 101°

O $S_2C\ell_2$ apresenta muitas aplicações, principalmente pela capacidade de dissolver enxofre, formando compostos catenados com alto teor desse elemento. Reage também com NH_3, produzindo o composto S_4N_4 (conforme esquema). Por meio do tratamento com cloro, obtém-se um derivado com estrutura aromática, $S_3N_3C\ell_3$.

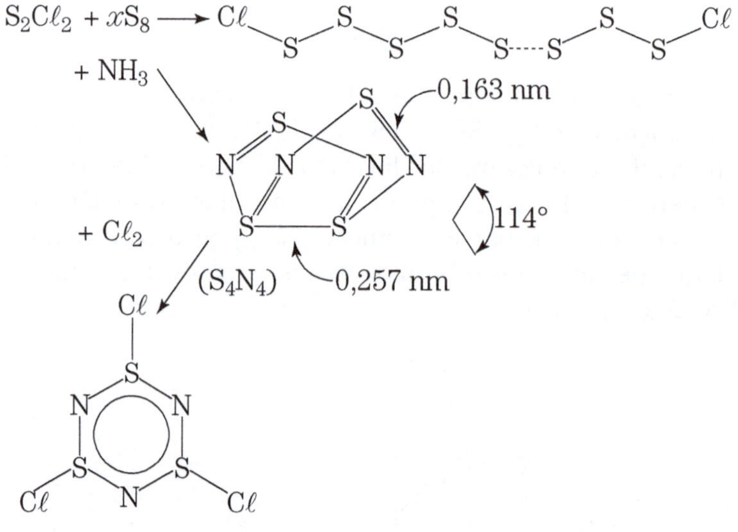

$S_2C\ell_2 + xS_8 \longrightarrow C\ell-S-S-S-S-S\cdots S-S-S-C\ell$

$+ NH_3$ (S_4N_4) 0,163 nm 114° 0,257 nm

$+ C\ell_2$ ($S_3N_3C\ell_3$)

Haletos de N, P, As e Sb

Dos haletos de nitrogênio, apenas o NF_3 é bem caracterizado, em parte, por sua maior estabilidade. A molécula é piramidal,

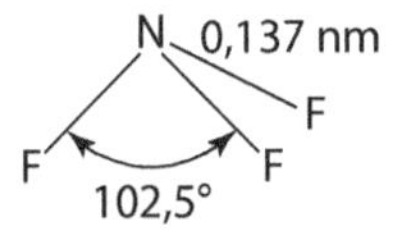

pouco solúvel em água, e pouco reativa perante ácidos e bases, em condições ambiente. Sua basicidade é pequena, em virtude da elevada eletronegatividade do flúor, que leva a uma diminuição da disponibilidade do par eletrônico. A ausência de orbitais *d* vazios para ataque de bases torna a molécula pouco susceptível à hidrólise.

O $NC\ell_3$, ao contrário do NF_3, é muito reativo e instável, sendo um violento explosivo quando aquecido sob ação de luz ou na presença de substâncias orgânicas. O NBr_3 e o NI_3 não foram isolados como compostos puros. Entretanto, a dissolução do bromo ou iodo em amônia produz sólidos de composição $NBr_3 \cdot 6NH_3$ e $NI_3 \cdot NH_3$, violentamente explosivos, mesmo por leve fricção.

Os tri-haletos de fósforo, PX_3 são bem comportados e se assemelham aos de As e Sb. As moléculas são piramidais, com as seguintes estruturas:

P 0,152 nm; F F F; 104°
P 0,200 nm; Cℓ Cℓ Cℓ; 102°
P 0,223 nm; Br Br Br; 100°
P 0,247 nm; I I I; 98°

Na presença de excesso de halogênio, formam compostos do tipo PX_5,

$$PX_3 + X_2 \rightarrow PX_5.$$

Os penta-haletos são mais reativos que os trialetos, hidrolisando-se rapidamente em água.

Fazendo-se o refluxo de $PC\ell_5$ com $NH_4C\ell$, em diclorometano (T 146 °C), forma-se um composto cíclico $(PNC\ell_2)_3$, cuja estrutura de ressonância tem alguma semelhança com a do benzeno. Entretanto, levando em conta a paridade ou os sinais dos orbitais, pode-se ver que a formação de estruturas conjugadas P_3N_3, por meio dos orbitais *d* do fósforo e *p* do nitrogênio não é perfeita.

$$PCl_5 + H_2O \rightarrow H_3PO_4 + 5HCl$$

$$PCl_5 + NH_4Cl \rightarrow (NPCl_2)_3$$

0,197 nm
0,161 nm
102°
$(NPCl_2)_3$

O $(PNCl_2)_3$ sofre substituição dos cloretos, mantendo a estrutura cíclica, na presença de NH_3 ou de H_2O, formando os amino ou hidroxiderivados correspondentes, $\{PN(NH_2)_2\}_3$ ou $\{PN(OH)_2\}_3$. Por aquecimento a 300 °C, o $(PNCl_2)_3$ converte-se em um polímero de cadeia aberta, $(PNCl_2)_n$ ($n > 200$), com aspecto de borracha. Esses materiais encontram aplicações tecnológicas como elastômeros e impermeabilizantes de tecidos.

Haletos de C, Si, Ge e Sn

Os haletos desse grupo apresentam composição CX_4, e são todos tetraédricos. Entre os haletos de carbono, o mais importante é o CCl_4, usado como solvente tipicamente apolar. Sua obtenção é feita a partir da cloração do dissulfeto de carbono, na presença de $MnCl_2$ como catalisador. O CS_2 por sua vez é preparado pela passagem de vapores de enxofre sobre carvão aquecido ao rubro.

$$\frac{1}{4}S_8 + C \xrightarrow[\Delta]{} CS_2$$

$$CS_2 + 3Cl_2 \rightarrow CCl_4 + S_2Cl_2.$$

Sob o ponto de vista termodinâmico os haletos são instáveis à hidrólise, conforme pode ser visto pelos valores de energia livre:

$$CCl_4\,(\ell) + 2H_2O \rightarrow CO_2 + 4H^+(aq) + 4Cl^-$$
$$\Delta G = -376\ \text{kJ mol}^{-1}.$$

$$SiC\ell_4\ (\ell) + 2H_2O \rightarrow SiO_2 + 4H^+(aq) + 4C\ell^-$$
$$\Delta G = -278\ \text{kJ mol}^{-1}.$$

Entretanto, enquanto o tetracloreto de carbono não é atacado pela água, os tetracloretos de silício e de germânio sofrem hidrólise instantaneamente. Contribuem para essa diferença o impedimento estérico no caso do $CC\ell_4$ e ausência de orbitais *d* vazios para ataque de bases, ao contrário do $SiC\ell_4$ e $GeC\ell_4$.

A hidrólise do SiF_4 acaba seguindo outro rumo, pois o HF formado na reação atua sobre o próprio reagente, dando origem ao $[SiF_6]^{2-}$, que é mais estável em meio aquoso.

Haletos mistos

Os haletos mistos de flúor e cloro, do tipo $CFC\ell_3$, $CF_2C\ell_2$ e $CHF_2C\ell$ são normalmente conhecidos como *freons* ou CFCs (clorofluorocarbonos). Em geral, os compostos são voláteis, não tóxicos, não inflamáveis, inodoros e aparentemente inofensivos, entretanto, têm sido motivo de muita preocupação. Esses compostos podem ser usados como propelentes em dispositivos de aerossol de uso doméstico ou de higiene pessoal, e como gases de refrigeração em aparelhos de ar condicionado e refrigeradores. Quando são eliminados no ambiente, por serem pouco reativos, acabam indo para as regiões mais altas da atmosfera, onde sofrem fotorreações, liberando átomos de cloro. Dessa forma, tomam parte no processo de decomposição da camada de ozônio, e sua utilização para essas finalidades tem sido banida.

Os haletos de alquila são derivados dos hidrocarbonetos pela substituição de um ou mais átomos de hidrogênio por halogênio(s). Por exemplo, a partir do metano pode-se obter clorometano, diclorometano e tricloro metano (ou clorofórmio). A substituição total conduz ao tetraclorometano (ou tetracloreto de carbono).

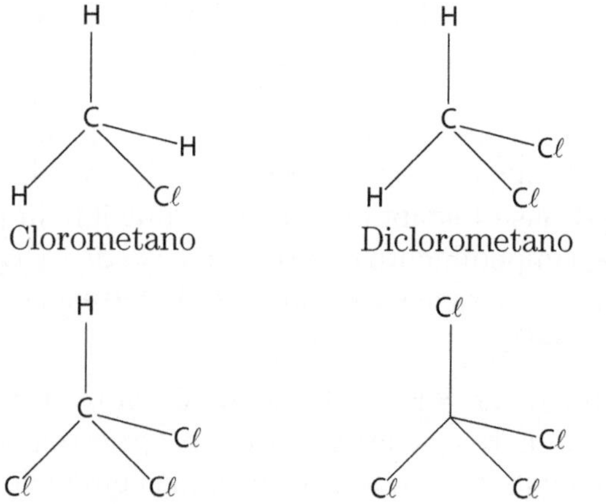

Clorometano

Diclorometano

Triclorometano
(clorofórmio)

Tetraclorometano

O dicloroetano é obtido pela cloração do etileno. Quando submetido a altas temperaturas, ocorre eliminação de uma molécula de HCℓ, formando cloreto de vinila (monômero do PVC),

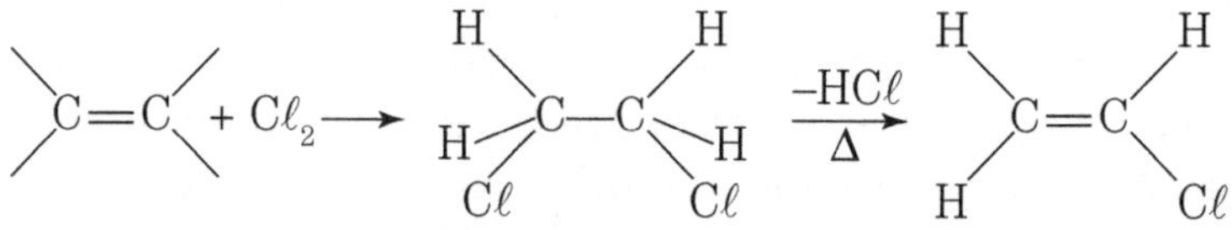

$$C{=}C + C\ell_2 \longrightarrow H_2C\ell C{-}CC\ell H_2 \xrightarrow[\Delta]{-HC\ell} H_2C{=}CHC\ell$$

Os hidrocarbonetos clorados, incluindo o clorofórmio e o tetracloreto de carbono, são excelentes solventes para um grande número de compostos pouco polares; entretanto, seu uso deve ser realizado com o máximo cuidado, por apresentarem toxicidade e atividade cancerígena. O derivado que tem demonstrado ser mais seguro é o metilclorofórmio, $CH_3CC\ell_3$, e tem sido cada vez mais usado, em substituição aos demais, como solventes.

Os haletos de alquila, ou haletos alifáticos, são muito úteis em sínteses orgânicas, por serem bastante reativos. A reação com magnésio metálico dá origem a compostos de Grignard, usados na alquilação de compostos orgânicos:

$$R{-}X + Mg \rightarrow R{-}Mg{-}X.$$

Os haletos aromáticos também formam numerosos compostos; alguns como o diclorodifeniltricloroetano, DDT, apresentam atividade como inseticida, porém seu uso vem sendo banido, por acarretar problemas, em razão de sua persistência no ambiente.

Haletos de B, Al, Ga e In

Os elementos do grupo IIIA apresentam deficiência de elétrons, e os trialetos correspondentes, apresentam comportamento típico de ácidos de Lewis, reagindo com bases B, para formar adutos do tipo

$$B + EX_3 \rightarrow B—EX_3.$$

Os haletos de boro constituem espécies simples, do tipo BF_3, $BC\ell_3$, BBr_3 e BI_3, todas triangulares:

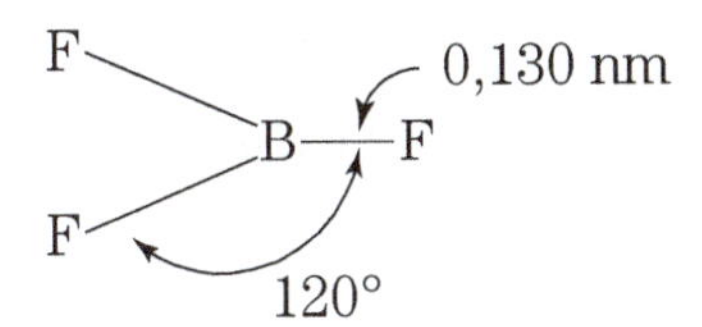

A ligação nas moléculas de BX_3 tem caráter parcial de dupla, em virtude da interação dos orbitais vazios do B com os orbitais *p* cheios dos halogênios:

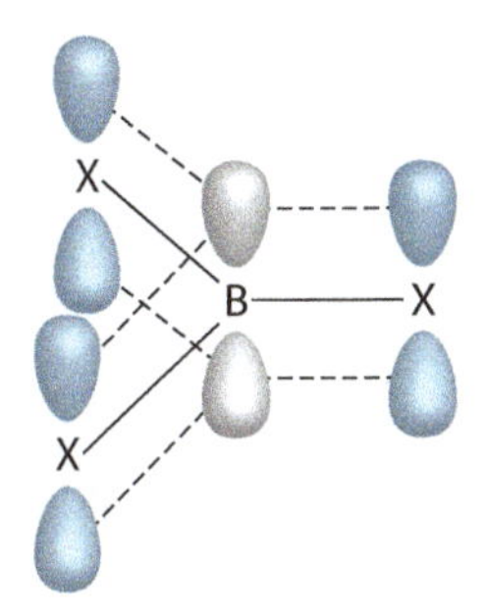

A formação da ligação é mais efetiva entre o B e F, cujos orbitais são energeticamente mais próximos. Com isso, o flúor pode transferir parte da densidade eletrônica para o boro, a fim de completar o octeto e, dessa forma, reduzir a deficiência eletrônica do B e, portanto, sua acidez. Os halogênios maiores apresentam orbitais energeticamente muito diferentes das do boro, que é um elemento leve e formam ligações mais fracas, deixando o elemento central com forte caráter ácido.

O BF_3 é um catalisador ácido extremamente importante nas sínteses. Reage com amônia, aminas, nitrilas e éter, formando adutos do tipo ácido–base;

$$BF_3 + N(CH_3)_3 \longrightarrow F_3B{-}N(CH_3)_3$$

Na presença de água, o BF_3 sofre hidrólise parcial, pois o HF formado converte o trifluoreto em BF_4^-, que não é susceptível ao ataque de bases, pela inexistência de orbitais vazios.

$$BF_3 + 3H_2O \rightarrow B(OH)_3 + 3HF$$

$$BF_3 + HF \rightarrow H^+(aq) + BF_4^-.$$

Os demais haletos de boro são mais reativos e sofrem hidrólise rapidamente, com formação de H_3BO_3. A reação com amônia e aminas primárias é muito interessante, pois leva à formação de estruturas cíclicas conhecidas como borazinas ou alquilborazinas halogenadas:

$$3 \times \left\{ BC\ell_3 + NH_3 \right\} \longrightarrow B_3N_3H_3C\ell_3 + 6HC\ell \xrightarrow{-NaBH_4} B_3N_3H_6 \text{ (Borazina)} + 3NaC\ell + 3/2(B_2H_6)$$

Na borazina as ligações B—N têm uma distância de 1,46 Å, coerente com um caráter intermediário entre simples e dupla, como no benzeno. De fato, suas propriedades físicas são semelhantes às do benzeno, com um ponto de fusão de –57 °C e ponto de ebulição de 55 °C, porém, sob o ponto de vista químico, a borazina é bem mais reativa. A diferença de eletronegatividade do B e N faz que os elétrons fiquem localizados preferencialmente sobre o nitrogênio, diminuindo a ressonância e facilitando o ataque de espécies, como o HCℓ e a água, ao contrário do benzeno.

Óxidos – Características Gerais

Os óxidos ou compostos oxigenados, em geral, representam uma classe muito ampla de compostos, de caráter iônico ou covalente. Da mesma forma que os haletos e hidretos, é possível reconhecer três grupos de óxidos:

a) óxidos de metais alcalinos e alcalinoterrosos ou iônicos;

b) óxidos de metais de transição;

c) óxidos de elementos não metálicos ou covalentes.

Os óxidos iônicos se comportam como bases fortes, formando OH^- em solução aquosa:

$$K_2O + H_2O \rightarrow 2K^+ + 2OH^-.$$

Esses óxidos são estabilizados, essencialmente, pela elevada energia reticular, visto que o processo

$$O + 2e^- \rightarrow O^{2-}$$

é muito endotérmico.

No outro extremo da tabela periódica, estão os óxidos covalentes, como SO_2, P_4O_{10} etc., cujas características são geralmente ácidas. Esses óxidos, quando dissolvidos em água, produzem íons H^+:

$$SO_3 + H_2O \rightarrow H^+(aq) + HOSO_3^- \text{ (ou } HSO_4^-\text{).}$$

São também denominados anidridos de ácidos, visto que sua hidratação produz o ácido correspondente:

$$C\ell_2O + H_2O \rightarrow 2HOC\ell$$

$$C\ell_2O_3 + H_2O \rightarrow 2H^+ + 2C\ell O_4^-$$

$$I_2O_5 + H_2O \rightarrow 2HIO_3$$

$$SO_2 + H_2O \rightarrow H_2SO_3$$

$$SO_3 + H_2O \rightarrow H^+ + HSO_4^-.$$

Alguns óxidos, como o NO, CO e N_2O são considerados indiferentes, sob o ponto de vista ácido-base.

Os óxidos com número ímpar de elétrons, por exemplo, NO_2 e $C\ell O_2$ não constituem anidridos específicos de ácidos, visto que a reação com água leva a um processo de desproporcionamento:

$$2NO_2 + H_2O \rightarrow HNO_3 + < HNO_2 >$$

onde, o HNO_2, por ser instável, decompõe-se em HNO_3, NO e H_2O,

$$2C\ell O_2 + H_2O \rightarrow HC\ell O_3 + HC\ell O_2.$$

Os elementos que apresentam eletronegatividade intermediária, incluindo o B e o $A\ell$, bem como alguns metais de transição, podem apresentar comportamento variável, às vezes ácido, outras vezes básico. São denominados **anfóteros**, termo que significa apresentar duas qualidades contrárias.

Na presença de bases fortes, os óxidos anfóteros comportam-se como ácidos, por exemplo, ZnO, $A\ell_2O_3$, SnO, PbO e BeO são solúveis em meio alcalino, formando os hidroxicomplexos correspondentes. Por exemplo,

$$ZnO + H_2O + 2OH^- \rightarrow [Zn(OH)_4]^{2-}.$$

Em meio ácido, os óxidos anfóteros reagem como se fossem básicos, formando água:

$$ZnO + 2H^+ \rightarrow Zn^{2+} + H_2O.$$

O comportamento ácido-base dos óxidos de metais de transição depende do estado de oxidação. De modo geral, as características ácidas são intensificadas com o aumento do número de oxidação, como pode ser visto na série,

$$CrO, Cr_2O_3 \text{ e } CrO_3$$

onde, o óxido de Cr(II) é relativamente básico, o de Cr(III) é anfótero e o de Cr(VI) é ácido.

Características estruturais dos óxidos covalentes

Nos óxidos covalentes, o oxigênio pode participar de ligações simples, geralmente ligados a dois átomos, por meio da utilização dos orbitais sp^3, como no caso da molécula de água.

O oxigênio também pode formar ligações com um único átomo, ou ligações terminais, como no CO, CO_2, SO_3 etc. Nesse caso, a ligação do elemento com o oxigênio é mais forte, apresentando caráter de dupla parcial ou total, ou até de tripla ligação, como no caso do CO. A visualização dessa ligação pode ser feita através de uma interação σ em que o oxigênio terminal recebe o par eletrônico do elemento central deixando-o mais positivo, e ao mesmo tempo disponibiliza seus elétrons para uma interação recíproca, porém mais fraca, de natureza π.

Força dos oxiácidos

A presença de ligações com oxigênio terminal tem um efeito marcante nas propriedades dos oxiácidos. Pauling mostrou que existe uma correlação entre o pKa dos ácidos em função do número de oxigênios terminais existentes na molécula.

O raciocínio é facilitado quando se escreve a fórmula do oxiácido da seguinte maneira:

$$(HO)_{\mathbf{y}}\, E\, O_{\mathbf{x}}.$$

onde O_x representa o oxigênio terminal.

Verifica-se que os valores de pKa diferem em cerca de cinco unidades para cada variação unitária de x, de tal forma que se obtém a seguinte correspondência:

$x = 0$ pKa = 7 a 8
$x = 1$ 2 a 3
$x = 2$ –3 a –2
$x = 3$ –8 a –7

Alguns valores de pKa de ácidos são apresentados na Tabela 4.9.

Tabela 4.9 — Valores de pKa(1) de oxiácidos (primeira ionização)

$HOC\ell$ 7,2	$HC\ell O_2$ 2,0	HNO_3 –1,4
$HOBr$ 8,7	HNO_2 3,2	
HOI 11,0	H_2SeO_3 2,6	
H_3AsO_3 9,2	H_2TeO_3 2,7	
H_4GeO_4 8,6	H_3PO_4 2,2	
H_6TeO_6 8,8	H_3AsO_4 2,3	

A estimativa de pKa com base no número de ligações terminais com oxigênio pode dar indícios importantes sobre a estrutura do oxiácido. Por exemplo, o pKa(1) do H_3PO_3 é igual a 1,8, ao passo que para o H_3AsO_3, é 9,2. Isso significa que suas estruturas não são semelhantes. De fato, no H_3PO_4 existe um oxigênio terminal, sendo que um dos hidrogênios se liga diretamente ao fósforo. No H_3AsO_3 esse número é nulo, como na ilustração:

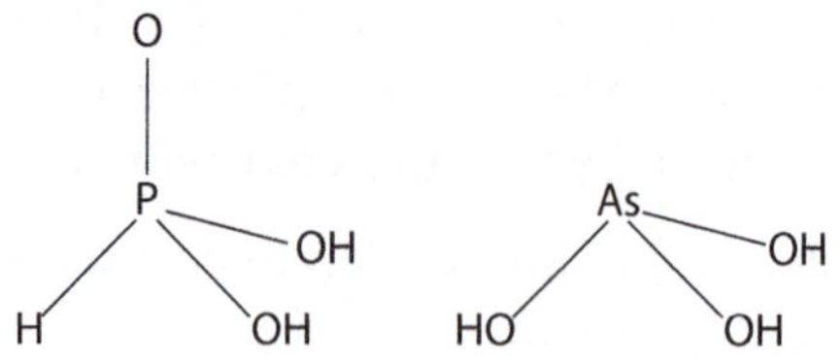

Outro aspecto interessante é a variação dos pKas sucessivos dos oxiácidos. Observa-se que a cada remoção de próton, o pKa aumenta em torno de cinco unidades, refletindo um aumento na densidade eletrônica do elemento central, como nos exemplos:

H_3PO_4	$pK_1 = 2,2$	$pK_2 = 7,1$	$pK_3 = 12,3$
H_3AsO_4	$pK_1 = 2,3$	$pK_2 = 7,0$	$pK_3 = 13,0$

Estrutura, Preparação e Propriedades dos Óxidos e Oxicompostos

Óxidos e oxiácidos dos halogênios

Na família dos halogênios, os principais óxidos conhecidos são os seguintes:

Tipo				
X_2O	X_2O_2	XO_2	X_2O_5	X_2O_7
OF_2	O_2F_2			
$C\ell_2O$		$C\ell O_2$		$C\ell_2O_7$
	BrO_2			
			I_2O_5	

São fortes oxidantes e, com exceção do I_2O_5, potencialmente explosivos. Dessa forma não devem ser armazenados. No caso do OF_2, a inversão da fórmula se deve ao fato do flúor ser mais eletronegativo que o oxigênio e, portanto, o composto é mais um fluoreto de oxigênio do que um óxido de flúor. Esse composto é um gás relativamente estável, e se forma na reação do flúor com água, em meio alcalino:

$$2F_2 + 2OH^- \rightarrow OF_2 + H_2O + 2F^-.$$

O OF_2 hidrolisa-se lentamente em água, formando HF e O_2.

A dissolução do $C\ell_2$, Br_2 e I_2 em água conduz a um equilíbrio de desproporcionamento do tipo,

$$X_2 + H_2O \rightleftharpoons H^+(aq) + X^- + HOX$$

que pode ser deslocado para a direita retirando-se prótons por meio de adição de bases, ou retirando-se os ânions haletos, X^-, pela precipitação ou complexação com Ag^+ ou Hg^{2+}.

Em meio alcalino as constantes de equilíbrio para a reação,

$$X_2 + 2OH^- \rightleftharpoons X^- + XO^- + H_2O$$

para o $C\ell_2$, Br_2 e I_2, são $7{,}5 \times 10^{15}$, 2×10^8 e 30 mol L^{-1}, respectivamente.

O equilíbrio de desproporcionamento,

$$3XO^- \rightleftharpoons 2X^- + XO_3^-$$

também é muito favorável em meio alcalino, com constantes de equilíbrio para o $C\ell O^-$, BrO^- e IO^- da ordem de 10^{27}, 10^{15} e 10^{20}, respectivamente. A reação é lenta para o $C\ell O^-$ na temperatura ambiente, por isso as soluções de hipoclorito são utilizadas comercialmente no tratamento da água e como alvejante doméstico.

Os íons $C\ell O_3^-$, BrO_3^- e IO_3^- são estáveis e constituem agentes oxidantes muito úteis. Apresentam estruturas piramidais com distâncias de ligação 0,148; 0,178 e 0,208 nm, respectivamente. Os sais desses ânions liberam os respectivos ácidos HXO_3 quando tratados com ácido sulfúrico concentrado.

O $KC\ell O_3$ é empregado nas caixas de fósforo e por aquecimento sofre decomposição liberando oxigênio:

$$2KC\ell O_3 \rightarrow 2KC\ell + 3O_2.$$

A reação geralmente é incompleta, e pode formar $KC\ell O_4$ por meio do desproporcionamento,

$$4KC\ell O_3 \rightarrow 3KC\ell O_4 + KC\ell$$

sendo possível separá-lo da mistura já que é menos solúvel em água. Na presença de catalisadores como MnO_2 a reação de decomposição do $KC\ell O_3$ se processa em temperaturas menores, em torno de 150 °C, constituindo um método eficiente para produção de oxigênio no laboratório.

Na presença de redutor como ácido oxálico a adição de ácido sulfúrico sobre clorato de potássio conduz à formação de $C\ell O_2$,

$$2HC\ell O_3 + H_2C_2O_4 \xrightarrow{H_2SO_4} 2C\ell O_2 + 2H_2O + 2CO_2.$$

O $C\ell O_2$ é um gás muito importante, sendo usado na indústria como alvejante de celulose e no tratamento de água. Em razão do número ímpar de elétrons, esse gás é paramagnético. Em solução alcalina desproporciona-se em clorito e clorato:

$$2C\ell O_2 + 2OH^- \rightleftharpoons C\ell O_2^- + C\ell O_3^- + H_2O.$$

Ao contrário dos íons bromito e iodito, o clorito $C\ell O_2^-$ é muito estável em meio alcalino, podendo ser armazenado por mais de um ano na ausência de luz. O clorito é muito usado como agente de branqueamento na indústria de fibras e papel, e também como agente precursor do $C\ell O_2$.

Os oxiânions XO_4^- formam outra classe importante de íons. No caso dos íons perclorato e o periodato, a obtenção é feita facilmente por eletrólise de soluções de sais de clorato e iodato, ou pela ação de oxidantes fortes.

O ácido perclórico $HC\ell O_4$ pode ser obtido por destilação sob pressão reduzida, de uma mistura de ácido sulfúrico e perclorato aquoso. Obtém-se um azeotrópico com 72,4% de ácido perclórico. Por adição de ácido sulfúrico fumegante (com excesso de SO_3) a essa solução azeotrópica, seguido de destilação sob pressão reduzida é possível obter o ácido perclórico anidro, que é extremamente reativo. Por desidratação com P_4O_{10} obtém-se o anidrido perclórico, $C\ell_2O_7$, que é um líquido explosivo, fortemente oxidante.

Óxidos e oxiácidos dos calcogênios

Na família 16, os compostos oxigenados do enxofre são, sem dúvida, os mais importantes.

O óxido mais simples é o SO_2, formado na queima do enxofre ou de sulfetos. Trata-se de um gás incolor, de cheiro picante, 2,26 vezes mais pesado que o ar. No estado sólido, o SO_2 se funde a –75,4 °C, e entra em ebulição a 10,2 °C. Dissolve-se em água formando soluções ácidas de íon bissulfito, HSO_3^-.

$$SO_2 + H_2O \rightleftharpoons H^+(aq) + HO\text{—}SO_2^-$$
(ou HSO_3^-= íon bissulfito).

O H_2SO_3 é difícil de ser isolado como espécie pura. Por outro lado, o íon bissulfito em soluções concentradas tende a se dimerizar, formando o íon metabissulfito, $S_2O_5^{2-}$,

$$2\ HSO_3^- \rightleftharpoons S_2O_5^{2-} + H_2O \qquad K = 7 \times 10^{-2}\ \text{mol L}^{-1}.$$

As soluções alcalinas de sulfito são fortemente redutoras, E° (SO_4^{2-}/SO_3^{2-}) = –0,93 V. O aquecimento do sulfito com enxofre produz o íon tiossulfato:

$$SO_3^{2-} + \frac{1}{8}S_8 \xrightarrow[\Delta]{} S_2O_3^{2-}.$$

Esse íon é um redutor moderado e forma complexos estáveis com íons de prata. É empregado como revelador em processos fotográficos pela sua capacidade de dissolver os haletos de prata não sensibilizados no filme.

$$Ag^+ + 2S_2O_3^{2-} \rightleftharpoons [Ag(S_2O_3)_2]^{3-}.$$

O tiossulfato pode ser oxidado por I_2, de forma quantitativa, convertendo-se no dímero tetrationato, $S_4O_6^{2-}$, que apresenta uma ponte de enxofre:

$$2 \times (O^-)(O)(O^-)S{-}S + I_2 \longrightarrow (O^-)(O)(O)S{-}S{-}S{-}S(O^-)(O)(O) + 2I^-$$

O SO_2, que normalmente é um agente redutor, consegue reagir com H_2S por meio de um processo de oxidação, produzindo enxofre elementar:

$$SO_2 + 2H_2S \rightleftharpoons \frac{3}{8}S_8 + 2H_2O.$$

O SO_2 reage com O_2 na presença de catalisadores, formando SO_3, que é o anidrido do ácido sulfúrico. O processo também ocorre na atmosfera urbana e contribui para a formação de chuva ácida.

A molécula de SO_3 é triangular e apresenta caráter de ácido de Lewis. Reage com H_2O formando ácido sulfúrico, que é sem dúvida o produto comercial mais importante do enxofre.

Ácido sulfúrico

O ácido sulfúrico é fabricado por meio do processo de contato, que utiliza o pentóxido de vanádio como catalisador sólido, na reação de uma mistura de SO_2 e ar aquecido:

$$2SO_2 + O_2 \xrightarrow{\text{cat.}} 2SO_3 \qquad (\text{cat.} = V_2O_5,\ T = 425\ °C).$$

O rendimento é maior pela adição de excesso de ar, que desloca o equilíbrio no sentido da formação do SO_3. O trióxido de enxofre não pode ser recolhido em H_2O, porque tende a formar um aerossol em contato com água, sendo arrastado pelo fluxo de gás no processo. Por essa razão, é recolhido em ácido sulfúrico concentrado, produzindo o chamado *oleum*, ou ácido sulfúrico fumegante, com altos teores de SO_3. Por adição controlada de água, obtém-se o ácido sulfúrico concentrado.

A maior parte da produção de ácido sulfúrico destina-se a fabricação de superfosfatos e de sulfato de amônio, utilizados como fertilizantes. Também é usado na fabricação de detergentes sulfonados, na indústria de fibras, pigmentos e explosivos. Seu emprego na indústria química é generalizado.

Peróxidos

Os peróxidos apresentam a ligação O—O, tanto na forma livre, O_2^{2-}, como em espécies do tipo $R—OO^-$, $R—C(O)O_2^-$ (peroxicarboxilatos ou percarboxilatos), e $SO_3(O_2)^{2-}$ (peroxissulfato ou persulfato).

A espécie mais simples é o peróxido de hidrogênio, H_2O_2, ou água oxigenada. O H_2O_2 constitui um líquido azul pálido, de ponto de ebulição 152,1 °C e ponto de congelamento –0,89 °C. A densidade do líquido é 1,44 g cm^{-3} (25 °C) e do sólido, 1,64 g cm^{-3}. Apresenta uma constante dielétrica igual a 93 °C a 25 °C, contudo, não é usado como solvente ionizante, em virtude da alta reatividade e instabilidade química.

O peróxido de hidrogênio é um forte oxidante, usado sempre na forma de solução aquosa, já que na forma pura sua reatividade é quase incontrolável. Decompõe-se espontaneamente em H_2O e O_2,

$$H_2O_2 \rightarrow H_2O + \frac{1}{2}O_2 \qquad \Delta H = -98 \text{ kJ mol}^{-1}.$$

A reação é catalisada por impurezas de óxidos e íons metálicos, como Fe^{3+} e Cu^{2+}. Por essa razão, o peróxido de hidrogênio é mantido sempre na presença de estabilizantes, que são geralmente agentes complexantes de metais, como o EDTA, polifosfatos e silicatos solúveis, e deve ser armazenado em recipientes plásticos, no escuro e a baixas temperaturas.

O H_2O_2 para uso doméstico é vendido no comércio com o rótulo especificando o volume de O_2 liberado pelo produto. Um litro de uma solução 2 mol L^{-1} de H_2O_2 contém 68 g de peróxido de hidrogênio, e é capaz de liberar 22,4 litros de O_2, como pode ser visto pela estequiometria da reação. Essa solução é rotulada como água oxigenada a 22 volumes, e contém aproximadamente 7% em peso.

Cerca de 10% a 20% do peróxido de hidrogênio produzido é usado na fabricação do perborato de sódio ou do percarbonato de sódio que entram na composição de detergentes domésticos; 30% vão para a produção de epóxidos e peróxidos orgânicos; 20% para o tratamento de efluentes e controle ambiental; 13% para a fabricação de papel, e 17% vão para a área de fibras têxteis. Na forma concentrada, com acima de 90% de peso, a água oxigenada tem sido empregada como propelente em foguetes.

Óxidos e oxiácidos de nitrogênio

Os principais óxidos de nitrogênio são os seguintes:

$$NO, N_2O, NO_2, N_2O_3, N_2O_4, N_2O_5 \text{ e } N_2O_6.$$

Nessa série, os mais importantes são o NO, N_2O e o NO_2.

O N_2O constitui uma molécula linear, semelhante ao CO_2, porém com um pequeno momento dipolar, indicando ausência de centro de simetria. Isso é consistente com a estrutura NNO, em vez de NON. As distâncias de ligação são compatíveis com ligações de ordem 2:

0,112 nm ↘ ↙ 0,119 nm

$$N{=}N{=}O$$

O ponto de fusão é de –102,4 °C e o de ebulição, –89,5 °C. Em condições ambientes é um gás incolor, com sabor levemente adocicado e odor suave, agradável. Inalado em pequenas quantidades provoca risos convulsivos, sendo por isso conhecido com gás hilariante. Em quantidades maiores atua como narcótico. O N_2O não apresenta propriedades ácidas ou básicas significativas, e é pouco reativo em condições normais. Em temperaturas elevadas atua como oxidante, alimentando a combustão. É obtido pela decomposição térmica do nitrato de amônio,

$$NH_4NO_3 \rightarrow N_2O + 2H_2O.$$

A reação tem caráter exotérmico, iniciando-se a 185 °C. Quando acima de 250 °C, a reação torna-se explosiva, retornando aos elementos constituintes:

$$NH_4NO_3 \xrightarrow[\Delta]{} N_2 + \frac{1}{2}O_2 + 2H_2O \qquad (T > 300\ °C).$$

Dessa forma, o nitrato de amônio, usado como fertilizante, é um poderoso explosivo e sua venda é controlada pelo exército.

NO, NO_2 e HNO_3.

O óxido nítrico, NO, é uma molécula paramagnética cuja estrutura já foi discutida anteriormente, em analogia com o O_2, o N_2, e o CO.

É um gás incolor, e sua obtenção por síntese direta requer muita energia. Esse processo, entretanto, acontece de forma natural durante as descargas elétricas ou relâmpagos, e serviu de inspiração para o processo de Birkeland e Eyde. Nesse processo, o N_2 e O_2 passam por um arco-voltaico, em temperaturas superiores a 3.000 °C, gerando NO:

$$N_2 + O_2 \rightarrow 2NO \qquad \Delta H = +\ 180\ kJ\ mol^{-1}.$$

No laboratório, o NO pode ser obtido pela reação de cobre metálico com HNO_3 moderadamente concentrado.

Atualmente, o NO é obtido pelo processo de Ostwald (1905), fazendo a oxidação da amônia com oxigênio, na presença de platina, ródio ou paládio, aquecido ao rubro:

$$2NH_3 + \frac{5}{2}O_2 \xrightarrow{Pt} 2NO + 3H_2O \qquad \Delta H = -902 \text{ kJ mol}^{-1}.$$

A reação é muito exotérmica, mas inicialmente, a rede de Pt ou Pt—Rh deve ser aquecida por volta de 800 °C. A reação, uma vez iniciada prossegue espontaneamente, e o calor liberado deixa o catalisador incandescente. O rendimento chega a 96%, contudo, a velocidade de fluxo dos gases NH_3 e ar deve ser controlada, de forma que o tempo de contato com o catalisador esteja na faixa de 10^{-3} s, para evitar a decomposição do NO nos elementos. A reprodução desse processo no laboratório pode ser vista na Figura 4.9.

Com o resfriamento dos gases de combustão, o NO reage com o O_2 presente, formando NO_2 facilmente detectável pela sua coloração marrom:

$$NO + \frac{1}{2}O_2 \rightleftharpoons NO_2 \qquad \Delta H = -116 \text{ kJ mol}^{-1}.$$

A entropia do processo é negativa, de modo que a reação é favorecida pela redução da temperatura.

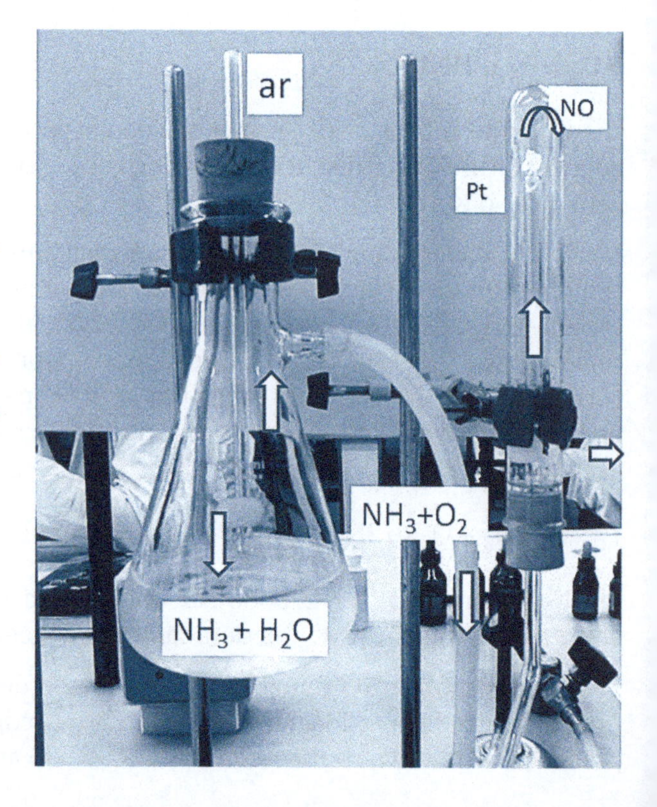

Figura 4.9
Reprodução do processo de Ostwald no laboratório: o ar é borbulhado em uma solução de amônia concentrada (28%) e conduzido para um tubo de vidro contido em um tubo de ensaio invertido, com saída para gases. Na extremidade do tubo é colocado um fio de platina, emaranhado, previamente aquecido em um bico de Bunsen. A combustão catalítica da amônia mantém o fio de platina incandescente, enquanto o NO pode ser recolhido com os gases de saída.
Foto de experimento realizado no Curso de Química da USP.

O NO_2 é um gás marrom, paramagnético, que na presença de água dá origem ao ácido nítrico, liberando um pouco de NO.

$$3NO_2 + H_2O \rightarrow 2HNO_3 + NO.$$

Na presença de oxigênio, o NO liberado passa novamente a NO_2, e, dessa forma, a conversão continua até se converter totalmente em HNO_3. O ácido nítrico obtido apresenta composição em torno de 50% em peso. O ácido puro pode ser obtido por destilação, seguido de tratamento com ácido sulfúrico concentrado e nova destilação.

Os nitratos são as espécies nitrogenadas mais importantes e abundantes. Ocorrem na natureza sob a forma de salitre, KNO_3 ou nas águas do mar. Tomam parte importante na fixação do nitrogênio. Comercialmente, o HNO_3 produzido é convertido em grande parte em NH_4NO_3, para uso em fertilizantes (80%), ou na fabricação de explosivos.

O caráter oxidante do HNO_3 é muito forte em soluções concentradas. Em soluções diluídas, entretanto, o íon nitrato é relativamente pouco reativo.

Óxidos de carbono

O CO e o CO_2 são os óxidos mais importantes do carbono, e constituem os produtos das reações de combustão incompleta ou completa, respectivamente, do carvão e dos compostos de carbono.

O CO constitui um gás incolor, inodoro, tóxico, que não pode ser liquefeito à temperatura ambiente (T_c = –140 °C, P = 34,6 atm). Suas propriedades físicas são semelhantes às do nitrogênio; ponto de ebulição –191,5 °C, ponto de fusão – 204 °C. Não apresenta propriedades ácidas ou básicas relevantes em solução.

Seu papel na obtenção de metais e na produção de hidrogênio já foi discutido anteriormente.

O CO é matéria-prima na síntese de inúmeros compostos na indústria química. A hidrogenação do CO na presença de catalisadores apropriados, produz, em condições de temperatura e pressão adequadas, metano, hidrocarbonetos, metanol, alcoóis superiores e aldeídos.

Complexos metálicos de Ni, Fe, Co, Pt, Rh, Ir são muito usados como catalisadores, já que formam complexos carbonílicos muito reativos. Um exemplo típico é o $[Ni(CO)_4]$, formando pela reação de níquel com CO:

$$Ni + 4CO \rightarrow [Ni(CO)_4]$$

Os compostos carbonílicos constituem uma classe muito extensa, e aparecem frequentemente combinados com compostos orgânicos, formando compostos organometálicos.

O CO combina-se com a hemoglobina, formando um complexo mais estável que com o oxigênio molecular, razão pela qual é tóxico. As máscaras de gás à base de carvão ativo não são eficientes em relação ao CO. Usa-se, nesse caso, uma mistura conhecida como *hopcalita*, constituída de Ag_2O, Co_2O_3, MnO_2 e CuO. A *hopcalita* é muito eficiente na conversão do CO ao CO_2.

CO_2

O CO_2 constitui uma molécula linear, com distância CO igual a 0,116 nm, e momento dipolar nulo.

$$O{=}C{=}O \quad (0{,}116\ nm)$$

É geralmente obtido a partir da combustão de material orgânico ou pela calcinação do calcário. É um gás incolor, com sabor levemente ácido. A expansão rápida do gás é acompanhada de forte esfriamento, e isso é capaz de promover a própria solidificação do CO_2. Esse fato pode ser constatado durante a abertura rápida de um cilindro de CO_2 comprimido, colocando-se um tecido no bocal. Este ficará recoberto de CO_2 sólido.

De fato, em baixas temperaturas, o CO_2 coexiste diretamente em equilíbrio com o sólido (Figura 4.10). Pode ser liquefeito sob alta pressão à temperatura ambiente, por exemplo, 56,5 atm a 20 °C, porém a 73 atm e 31 °C atinge-se o ponto crítico em que forma-se uma única fase, desapare-

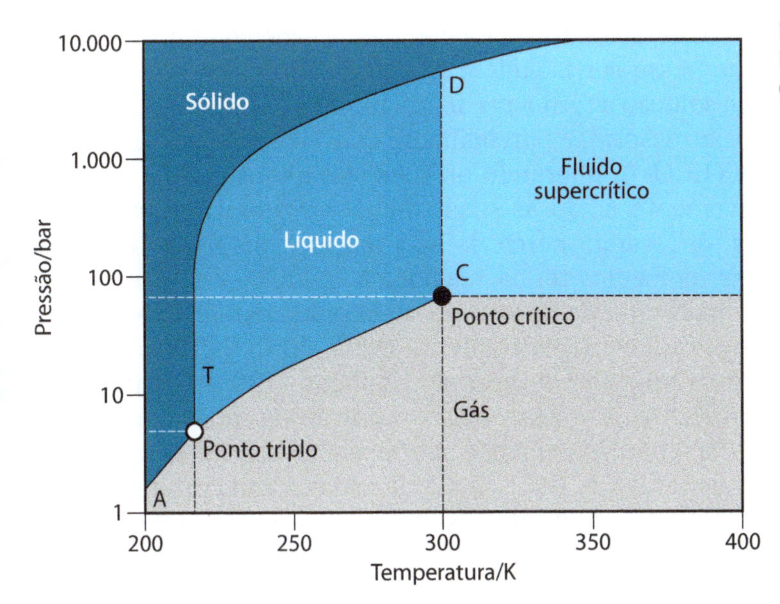

Figura 4.10
Diagrama de fase para o CO_2 (1 bar = 0,9869 atm).

cendo a interface que separa o líquido do vapor. No ponto crítico, é como se existisse um líquido muito leve ou fluido, capaz de subir pelas paredes do recipiente onde está armazenado. É denominado fluido supercrítico e tem muitas aplicações interessantes, por exemplo, na extração e separação de compostos químicos, e até na remoção de óleos de fritura dos *chips* de batata, encontrados no comércio. A grande vantagem é sua fácil remoção para reciclagem, praticamente sem deixar resíduos.

O gás carbônico é um importante agente que faz parte dos ciclos geoquímicos, tanto nas águas e no solo, como no ar. Suas fontes naturais, estão nos vulcões e na queima de materiais orgânicos, incluindo a biomassa. A atividade humana vem introduzindo quantidades crescentes de CO_2 na atmosfera, contribuindo para o agravamento do efeito estufa e das mudanças climáticas em nosso planeta. Normalmente, o CO_2 seria retirado da atmosfera por meio da atividade fotossintética, principalmente pelos plânctons e pela ação biológica que acaba formando os sedimentos de carbonato de cálcio ($CaCO_3$) no fundo dos oceanos.

Em solução aquosa acontecem os seguintes equilíbrios:

$$CO_2 + H_2O\ (H_2CO_3) \rightleftharpoons HCO_3^- + H^+(aq) \qquad pK_1 = 3{,}6$$

$$HCO_3^- \rightleftharpoons CO_3^{2-} + H^+(aq) \qquad pK_2 = 10{,}3.$$

O H_2CO_3 não existe como uma espécie química estável que possa ser isolada e guardada em forma pura. Mesmo em solução a forma predominante é o CO_2 hidratado. Quando se dissolve, é parcialmente convertido no íon bicarbonato (HCO_3^-), liberando prótons solvatados que dão o sabor levemente ácido às suas soluções. Porém, tal processo é lento, levando cerca de seis minutos para que a metade das moléculas tenha reagido. A lentidão é um reflexo da elevada energia de ativação necessária para converter a estrutura linear relativamente rígida do CO_2 (180°) em uma forma angular, de aproximadamente 120° encontrada no íon HCO_3^-. Por essa razão, a adição da molécula de água no CO_2 não é tão fácil, e as consequências são bem visíveis. Uma porção de CO_2 sólido colocada na água produz um forte borbulhamento do gás que escapa praticamente intacto para o exterior. Esse é o mesmo gás produzido na respiração, e foi o que levou Lavoisier a concluir que a respiração é um processo de combustão. Entretanto, a lenta hidratação e solubilização do gás carbônico na circulação sanguínea não poderiam causar problemas? De fato, isso seria fatal! Por isso, a Natureza faz uso de uma enzima, conhecida como anidrase carbônica, que acelera em milhões de vezes a hidratação do CO_2, permitindo que sua remoção seja feita de forma eficiente pelas mesmas células que transportam o oxigênio, durante o ciclo inverso.

Os íons carbonato e bicarbonato formam sais relativamente estáveis, como o carbonato de sódio, que tem muitas aplicações na indústria de vidro, papel, detergente e na indústria química em geral. Esse sal tem sido obtido industrialmente pelo processo inventado pelo belga Ernest Solvay, em 1864, ilustrado na Figura 4.11.

O processo é particularmente interessante pela sua logística que permite o máximo aproveitamento dos reagentes fazendo a reciclagem dos produtos, e minimizando a geração de descartes.

O gás carbônico gerado na calcinação (1) do calcário ($CaCO_3$) é borbulhado em contracorrente (2) com uma solução de salmoura (3), saturada com amônia (4), na torre de Solvay.

$$CaCO_3 \xrightarrow[\Delta]{} CaO + CO_2$$

$$CO_2 + NH_4^+ + OH^- + Na^+ + C\ell^- \rightleftharpoons Na^+ + HCO_3^- + NH_4^+ + C\ell^-$$

$$Na^+ + HCO_3^- \rightleftharpoons NaHCO_3(s).$$

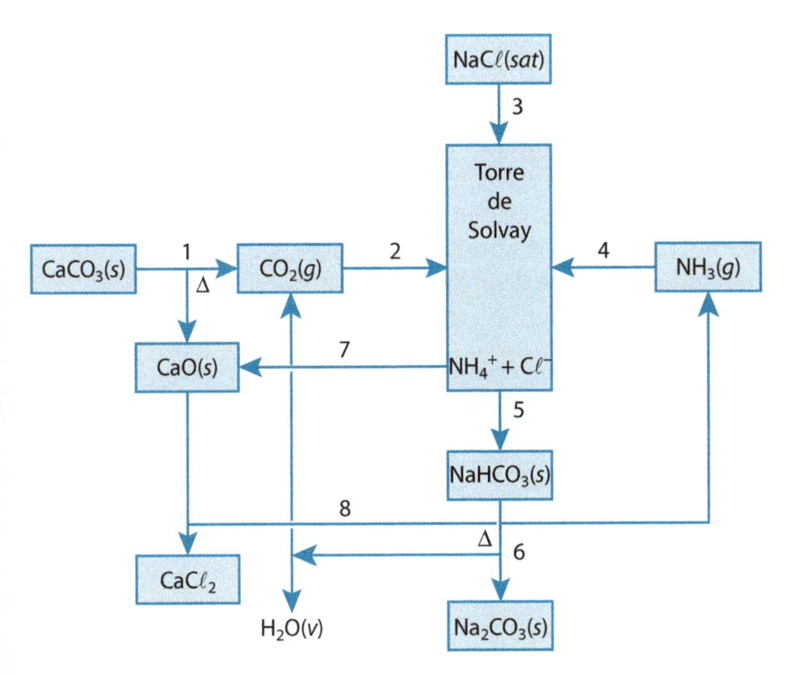

Figura 4.11
Diagrama operacional do processo Solvay (vide explicação no texto).

Por esfriamento na base da torre, o bicarbonato de sódio, $NaHCO_3$, sendo pouco solúvel a frio, precipita (5). O sólido é recolhido por filtração e conduzido a um forno onde se decompõe em carbonato de sódio (6), ao passo que a solução amoniacal é tratada com o óxido de cálcio (7), liberando a amônia que volta ao processo. A solução remanescente de cloreto de cálcio pode ser evaporada para gerar o $CaC\ell_2$, que é um produto químico importante, além de ser usado como secante. Da mesma forma, o CO_2 liberado é reintroduzido na primeira etapa do ciclo (8). O bicarbonato de sódio, que também é obtido intermediariamente no processo tem valor comercial, pois é usado na indústria de medicamentos, panificadoras e na fábrica de extintores.

$$2NaHCO_3(s) \xrightarrow[\Delta]{} Na_2CO_3(s) + CO_2(g) + H_2O(v)$$

$$2NH_4^+(aq) + 2C\ell^-(aq) + CaO(s) \rightarrow Ca^{2+}(aq) + 2C\ell^-(aq) + \\ + 2\,NH_3 + H_2O$$

$$Ca^{2+}(aq) + 2C\ell^-(aq) \xrightarrow[\text{Secagem}]{} CaC\ell_2(s)$$

Oxicompostos orgânicos

A incorporação de átomos de oxigênio em hidrocarbonetos pode ser considerada um processo de oxidação, já que esse elemento é mais eletronegativo que o carbono. Assim, as funções orgânicas oxigenadas, como os alcoóis, aldeídos e ácidos carboxílicos apresentam diferenças graduais nos estados de oxidação. Por exemplo:

Composto	CH_4	CH_3OH	CH_2O	HCO_2H	CO_2
Nome	metano	metanol	formaldeído	ac. fórmico	dióxido de carbono
Estado de oxidação do carbono	–4	–2	0	2	4

Alcoóis

Os alcoóis apresentam um ou mais grupos **OH** como substituintes na cadeia carbônica alifática. A nomenclatura é baseada no nome da cadeia hidrocarbônica, acrescido da terminação *ol*, por exemplo:

álcool	**nome**	**ponto de ebulição/°C**
$CH_3\mathbf{OH}$	metanol	65
$CH_3CH_2\mathbf{OH}$	etanol	78
$CH_3CH_2CH_2\mathbf{OH}$	1-propanol	97
$\mathbf{HO}CH_2CH_2\mathbf{OH}$	1,2-di(hidroxi)etano ou etileno glicol	198
$\mathbf{HO}CH_2CH\mathbf{OH}CH_2\mathbf{OH}$	1, 2, 3-tri(hidroxi) propano ou glicerol	290

Os pontos de ebulição dos monoalcoóis crescem linearmente com o número de átomos de carbono, acompanhando o aumento de peso molecular. Em relação aos alcanos correspondentes, os pontos de ebulição dos alcoóis são bem mais elevados, em virtude da formação de ligações de hidrogênio entre os grupos OH. Da mesma forma, com o aumento do número de grupos OH na molécula, os pontos de ebulição crescem acentuadamente, refletindo um maior grau de associação intermolecular por meio de ligações de hidrogênio.

O metanol, ou álcool metílico, é o álcool mais simples e ocorre em quantidades significativas em algumas madeiras, especialmente as mais duras, no qual pode ser extraído por destilação, na ausência de ar. Por essa razão, também é conhecido como álcool da madeira. Sua obtenção em escala industrial é feita por meio da conversão catalítica do gás de síntese, que é uma mistura de CO e H_2 gerada a partir do tratamento do carvão ou do petróleo com vapor de água.

$$CO + 2H_2 \rightarrow CH_3OH \text{ (Catalisador = ZnO, } Cr_2O_3 \text{ T = 300 °C).}$$

O metanol é usado principalmente na síntese do formaldeído e na produção de outros compostos químicos. Uma fração menor destina-se ao uso como combustível, ou como aditivo de gasolina, solvente e misturas anticongelantes. Seu uso requer cuidados especiais, já que, quando ingerido, provoca cegueira e, em quantidades maiores, pode ser fatal. Embora não seja recomendável, o metanol já foi adicionado ao álcool etílico combustível, como agente desnaturante, para deixá-lo impróprio para o consumo humano. As consequências da ingestão desse álcool têm sido trágicas.

O metanol pode ser convertido cataliticamente em etileno e, por meio de polimerização e ciclizações controladas, pode ser convertido em gasolina, com preços competitivos. Esse processo já é utilizado em alguns países, como a Nova Zelândia.

Etanol

O etanol ou álcool etílico é geralmente obtido pela fermentação de açúcares, existentes no melado da cana, extrato de beterraba ou do caldo de uva. A reação que ocorre pode ser representada por

$$C_6H_{12}O_6 \rightarrow 2C_2H_5OH + 2CO_2 \text{ (catalisador = levedura).}$$

Ao contrário do metanol, o etanol é mais tolerado pelo organismo. A cerveja apresenta 5% de etanol; o vinho, 15%, ao passo que bebidas como o uísque, o rum e a cachaça contêm de 35% a 50% de etanol. O etanol depois de ingerido entra rapidamente para a circulação e é metabolizado no fígado, convertendo-se em ácido acético ou, eventualmente, CO_2. Quando o teor de álcool no sangue chega a 0,1% em volume, observa-se a perda de coordenação motora; acima desse valor podem ocorrer intoxicação e perda de consciência. Teores de 0,5% são fatais e, por isso, a ingestão rápida de altas doses de bebida é desaconselhada.

Em muitos países, o etanol para uso industrial é obtido pela reação de adição de água ao etileno, sob alta pressão e na presença de catalisadores:

$$H_2C{=}CH_2 + HOH \rightarrow H_3C{-}CH_2OH$$
$$(P = 70 \text{ atm}, T = 300\ °C).$$

Polialcoóis

O etileno glicol é um diálcool obtido pela reação do etileno com oxigênio molecular, na presença de catalisadores heterogêneos à base de prata, seguido da adição de água.

$$H_2C{=}CH_2 + 1/2\,(O_2) \xrightarrow{\text{Cat.}} H_2C{-}CH_2\ (\text{ponte } O) \xrightarrow{+\,H_2O} H_2C(HO){-}CH_2(OH)$$

O glicerol ou glicerina é componente das gorduras, juntamente com ácidos graxos de cadeias longas. A hidrólise das gorduras libera o glicerol, que é um líquido muito viscoso, não tóxico, com propriedades umectantes, ou seja, que mantêm a umidade ou evitam o ressecamento dos materiais. Por essa razão, o glicerol é um importante aditivo em drogas, cosméticos e alimentos. Também é usado na produção do explosivo nitroglicerina.

Éteres

Os éteres apresentam o grupo funcional $CH_2—O—CH_2$ e, normalmente, são obtidos pela desidratação dos alcoóis correspondentes.

$$2CH_3CH_2OH \rightarrow CH_3CH_2OCH_2CH_3 + H_2O$$
$$(T = 140\ °C,\ \text{desidratante} = H_2SO_4).$$

A temperatura é uma variável importante do processo. No caso do etanol, um aquecimento por volta de 200 °C, na presença de ácido sulfúrico concentrado como agente desidratante, produz etileno em vez de éter dietílico.

O éter dietílico, também conhecido como éter etílico, é um líquido volátil (ponto de ebulição = 34,6 °C) muito usado como solvente. Sua inalação produz efeito anestésico, diminuindo a atividade do sistema nervoso central, entretanto, não é isento dos efeitos colaterais, como a náusea e o vômito. O éter, $CH_3OCH_2CH_3$ vem sendo mais usado como anestésico, por apresentar menos efeitos colaterais após a sua inalação.

Aldeídos e Cetonas

Os aldeídos e cetonas apresentam grupos carbonílicos, C=O, em posições terminais ou no meio da cadeia carbônica, respectivamente. A nomenclatura dos compostos segue a dos hidrocarbonetos correspondentes, adicionando-se as terminações *al* (aldeído) e *ona* (cetona).

$CH_3—CH_2—C(=O)H$ $CH_3—C(=O)—CH_3$

Esses compostos são geralmente obtidos pela oxidação parcial de alcoóis primários (com OH terminal) ou secundários.

O aldeído mais simples é o formaldeído, ou formol, HCHO, muito usado na obtenção de plásticos, assim como na conservação de organismos mortos. O acetaldeído,

CH_3CHO é produto da oxidação parcial do etanol, e constitui um poluente atmosférico, contribuindo para a formação do PAN (peroxinitrato de acetila) que é outro agente muito nocivo à saúde e ao meio ambiente.

A cetona mais simples é a propanona, ou acetona, $(CH_3)C{=}O$, muito usada como solvente.

Ácidos Carboxílicos

Os ácidos carboxílicos apresentam o grupo funcional

$$-\mathrm{C}{\overset{\displaystyle /\!\!/ \mathrm{O}}{\underset{\displaystyle \backslash \mathrm{OH}}{}}}$$

e representam produtos de oxidação de alcoóis e aldeídos. A nomenclatura é baseada nos nomes dos hidrocarbonetos correspondentes, com a terminação *oico* (por exemplo, ácido metanoico, etanoico, propanoico etc.).

Ao contrário dos alcoóis, a presença do grupo carboxílico produz um deslocamento de carga no sentido de diminuir a densidade eletrônica sobre o grupo OH, aumentando sua acidez. Por essa razão, o grupo carboxílico tem caráter ácido. Entretanto, em relação à água, os ácidos carboxílicos comportam-se como ácidos fracos, com pKa na faixa de 4 a 5:

$$CH_3CO_2H + H_2O \rightleftharpoons CH_3CO_2^- + H_3O^+$$
$$K_a = 1{,}76 \times 10^{-5}\ (pK_a = 4{,}75).$$

O caráter ácido pode ser intensificado com a introdução de grupos altamente eletronegativos, como F e $C\ell$, no carbono vizinho à carboxila. Assim, enquanto o ácido acético é fraco, os ácidos tricloroacéticos ($CC\ell_3CO_2H$) e trifluoroacético (CF_3CO_2H) são muito fortes. O ácido monocloroacético ($CC\ell H_2CO_2H$) é um reagente muito usado na indústria química, em virtude da alta reatividade do grupo haleto orgânico, principalmente como agente alquilante. Entretanto, é muito tóxico, de fácil absorção pela pele e mucosa, interferindo no processo celular de produção de energia. Seu uso deve realizado sob segurança máxima, pois pode ser fatal.

Os sais formados a partir dos ácidos carboxílicos têm sua nomenclatura baseada na troca da terminação oico por oato; por exemplo, metanoato de sódio, etanoato de potássio etc.

O ácido carboxílico mais simples é o ácido metanoico, ou fórmico, HCO_2H, que as formigas injetam em suas picadas, provocando irritação e dor. Esse ácido é obtido em escala industrial pela reação de CO com NaOH, seguido do tratamento com $HC\ell$.

$$CO + NaOH \rightarrow Na^+(HCO_2^-) \qquad (T = 200\ °C)$$

$$Na^+(HCO_2^-) + HC\ell \rightarrow HCO_2H + NaC\ell.$$

O ácido fórmico é um líquido de ponto de ebulição igual a 100 °C. Na presença de desidratantes, como o H_2SO_4 concentrado, o ácido fórmico retorna à forma inicial de monóxido de carbono, sendo, por isso, frequentemente, empregado em geradores de CO no laboratório:

$$HCO_2H \xrightarrow[\text{Desidratante}]{} CO + H_2O \qquad (\text{desidratante} = H_2SO_4),$$

O ácido etanoico ou acético apresenta dois átomos de carbono e é produto da oxidação bacteriana do etanol. O vinagre é uma solução em torno de 5% de ácido acético, com outros constituintes presentes no álcool de origem, os quais são responsáveis pelo sabor e aroma característicos. O ácido acético apresenta muita aplicação na indústria química e de alimento, entrando na composição de polímeros como o poliacetato de vinila.

O ácido benzoico apresenta um grupo aromático e, na forma de sal de sódio, é muito usado como preservante de alimento.

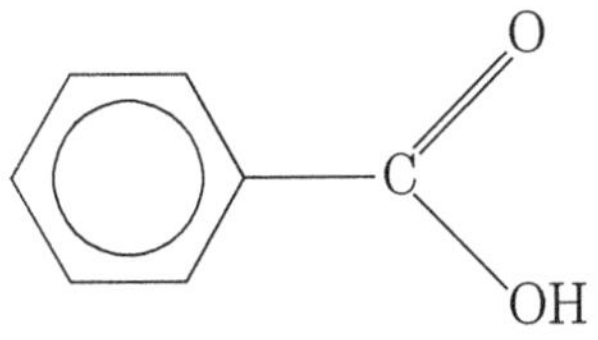

Os ácidos carboxílicos de cadeias longas são denominados ácidos graxos, e participam da composição de lipídios.

Ésteres

Os ácidos carboxílicos reagem com alcoóis, na presença de ácidos minerais como o H_2SO_4, eliminando água e formando ésteres:

$$R{-}C(=O){-}OH + H{-}O{-}CH_2{-}R' \rightleftharpoons R{-}C(=O){-}O{-}CH_2{-}R' + H_2O$$

O ácido sulfúrico atua como catalisador e, ao mesmo tempo, como agente desidratante.

O processo é reversível e, na presença de base ou de catalisadores adequados, os ésteres sofrem hidrólise regenerando os ácidos carboxílicos e os alcoóis de partida.

A nomenclatura dos ésteres é baseada no nome do grupamento carboxilato (com a terminação oato) mais o nome do radical orgânico proveniente do álcool (metila, etila, propila etc.).

Por exemplo,

$$C_6H_5{-}C(=O){-}O{-}CH_3$$

Benzoato de metila

Os ésteres de cadeias pequenas são relativamente voláteis e podem ser reconhecidos pelo aroma característico de frutas. De fato, o cheiro das frutas está associado a vários ésteres presentes nelas. Por exemplo, o butanoato de butila tem aroma de abacaxi, o butanoato de benzila tem odor de rosa, o pentanoato de isopentila tem odor de maçã e o acetato de isopentila tem odor de banana.

Os ésteres de ácidos graxos de cadeias longas constituem as gorduras e óleos, e têm papel importante em sistemas biológicos.

Amidas

As amidas são derivadas da reação dos ácidos carboxílicos com aminas:

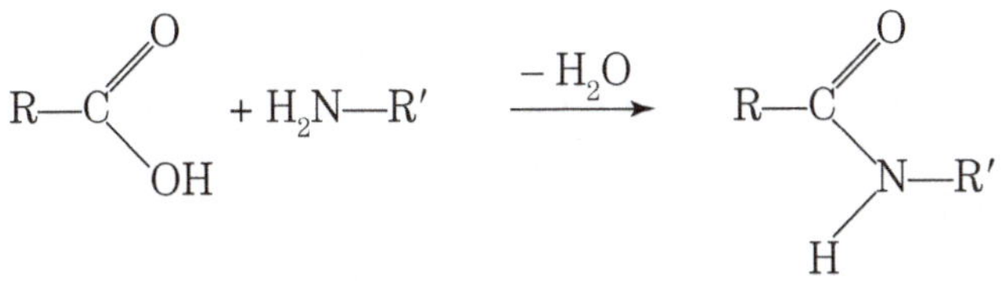

$$R\text{—}C(=O)\text{—}OH + H_2N\text{—}R' \xrightarrow{-H_2O} R\text{—}C(=O)\text{—}N(H)\text{—}R'$$

Esse tipo de reação é muito importante em sistemas biológicos, na formação de proteínas, por meio da condensação de aminoácidos.

Óxidos e Oxiácidos de Fósforo

Existem dois óxidos importantes do fósforo, o P_4O_6 e o P_4O_{10}. Ambos são obtidos pela oxidação do P_4, com falta ou com excesso de oxigênio, respectivamente, sendo mantida a estrutura tetraédrica original, com a inserção de átomos de oxigênio:

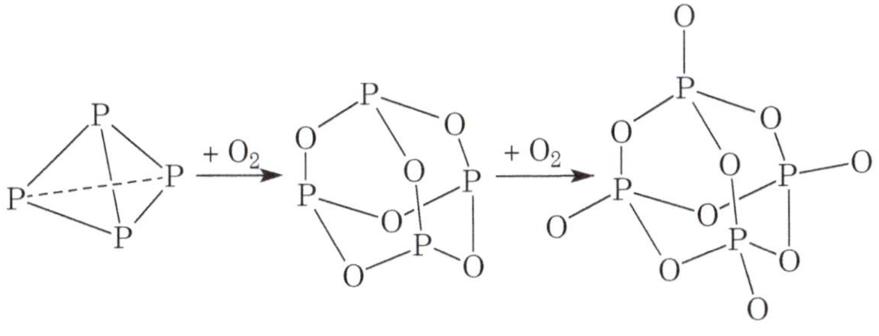

O P_4O_6 reage energicamente com a água, formando ácido fosfórico.

$$P_4O_{10} + 6H_2O \rightarrow 4H_3PO_4.$$

O ácido fosfórico é obtido comercialmente pela ação do ácido sulfúrico sobre fosfato de cálcio:

$$Ca_3(PO_4) + 3H_2SO_4 + 2H_2O \rightarrow 2H_3PO_4 + 3CaSO_4 \cdot 2H_2O.$$

Na forma pura tem ponto de fusão = 42,3 °C, porém os cristais são extremamente deliquescentes. É usado como matéria-prima na obtenção de sais de fosfato e no tratamento anticorrosivo de superfícies metálicas por formação de camada protetora de fosfatos insolúveis.

Os cristais de sais de fosfato, como o KH_2PO_4 apresentam comportamento ferroelétrico. Esse comportamento é característico de materiais que apresentam momento elétrico dipolar, mesmo na ausência de campo elétrico, em virtude do fato do centro de carga positiva no cristal não coincidir com o centro de carga negativa. Cristais ferroelétricos, portanto, não apresentam centro de simetria. Existem dois tipos de cristais ferroelétricos; um, em que o momento dipolar é resultante das interações de pontes de hidrogênio, como no KH_2PO_4, e outro em que ocorre deslocamento da cela cristalina, como no $BaTiO_3$ e no $LiNbO_3$. Em ambos os casos, a aplicação de um campo elétrico, ou de uma tensão mecânica, é capaz de provocar uma reorientação dos dipolos, como na ilustração:

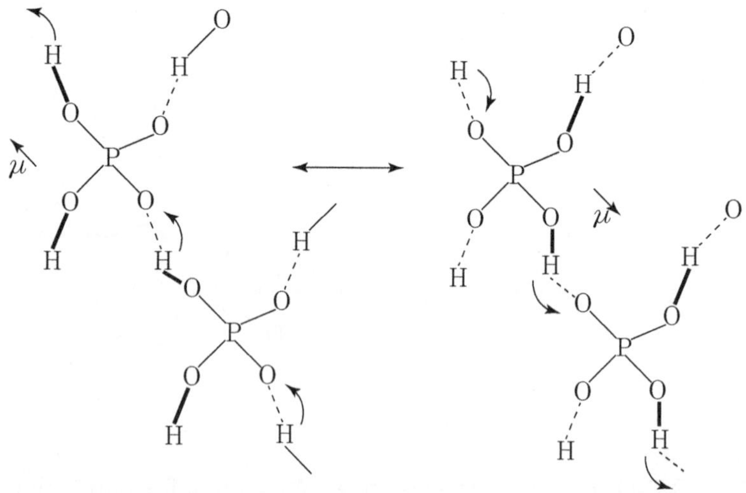

Esses materiais apresentam constantes dielétricas 103 vezes superiores a do ar e, portando, atuam como capacitores. Apresentam ainda efeitos eletro-ópticos, para uso como moduladores e defletores de feixes de laser e comportamento piezoelétrico. A piezoeletricidade é a propriedade do material de ser polarizado mediante ação mecânica, ou ainda de mudar de forma, sob ação de campo elétrico.

Assim, os materiais ferroelétricos têm sido usados como transdutores, para converter impulsos elétricos em impulsos mecânicos e vice-versa; como geradores de ultrassom, microfones, contadores, controladores de frequência, filtros elétricos e circuitos de computador.

Polifosfatos

Os polifosfatos formam estruturas com unidades tetraédricas PO_4 dispostas em cadeias cíclicas ou lineares. O aquecimento do NaH_2PO_4 por volta de 160 °C leva à formação do dímero, ou pirofosfato, $Na_2H_2P_2O_7$. Prosseguindo no aquecimento até 240 °C, o pirofosfato se converte em uma forma cíclica de trimetafosfato de sódio, $Na_3P_3O_9$.

$$NaH_2PO_4 \xrightarrow{T1} Na_2H_2P_2O_7 \xrightarrow{T2} Na_3P_3O_9$$
$$(T1 = 160\ °C,\ T2 = 240\ °C).$$

O íon trimetafosfato, $P_3O_9^{3-}$ tem a seguinte estrutura:

0,1484 nm

0,1615 nm

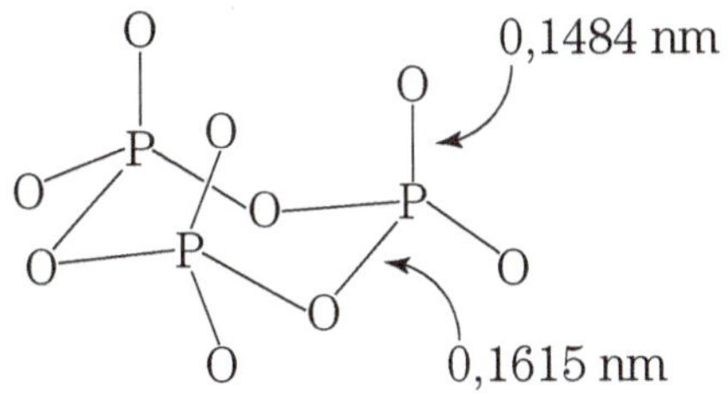

Uma forma linear, muito usada no comércio, é conhecida como tripolifosfato de sódio, $Na_5P_3O_{10}$, obtida pelo aquecimento de uma mistura de duas partes de $NaHPO_4$ e uma parte de NaH_2PO_4:

$$2NaHPO_4 + NaH_2PO_4 \xrightarrow[\text{Desidratação}]{} Na_5P_3O_{10} + 2H_2O.$$

O íon tripolifosfato tem a seguinte estrutura

5–

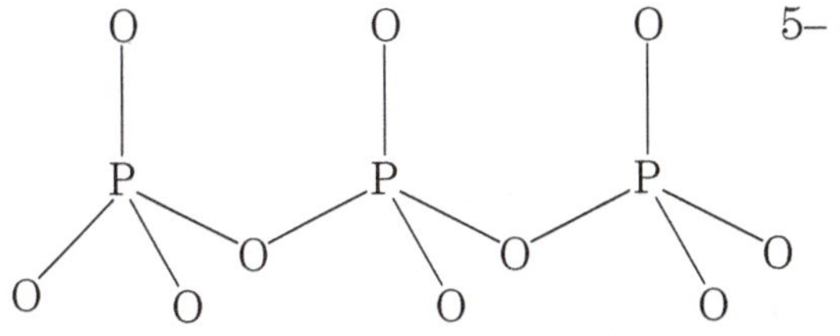

Sua principal aplicação é como complexante, e já foi usado em detergentes constituindo 25% a 45% em peso. Atualmente seu uso está sendo limitado, pelo fato de provocar problemas ambientais, como a eutroficação das águas fluviais. Forma com Ca^{2+} e Mg^{2+} complexos com constantes de estabilidade em torno de 10^8. Também tem efeito positivo na formação de micelas, reduzindo o valor da constante micelar crítica, que mede a concentração a partir da qual o detergente passa a formar estruturas agregadas.

Óxido e Oxiácidos de Boro

Uma das formas mais importantes em que o boro é encontrado refere-se ao bórax, $Na_2B_4O_5(OH)_4 \cdot 8H_2O$. Sua estrutura tem um formato de gaiola, e é constituído por dois grupos tetraédricos e dois grupos triangulares, como mostrado no esquema:

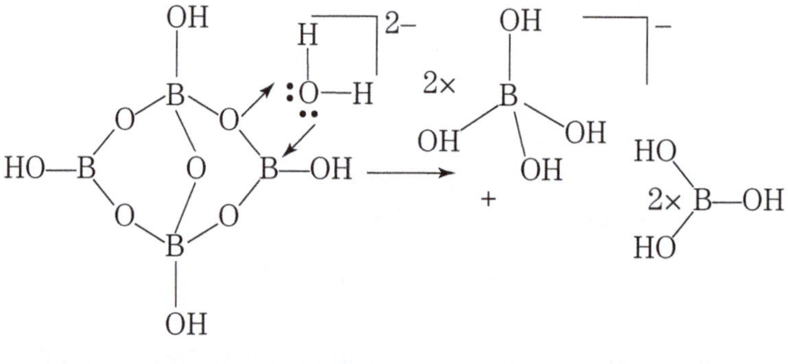

Por causa desses dois tipos de grupos, em solução aquosa, o bórax sofre hidrólise, fragmentando-se em duas espécies distintas, $B(OH)_3$ e $B(OH)_4^-$, com características ligeiramente ácidas e básicas, respectivamente. Por essa razão, essa solução comporta-se como um tampão de pH 9,18. Note-se que a forma básica conjugada do H_3BO_3 não é o $H_2BO_3^-$, mas sim o $B(OH)_4^-$, conforme pode ser visto na reação:

$$B(OH)_3 + H_2O \rightleftharpoons B(OH)_4^- + H^+.$$

No estado sólido o ácido bórico ou ortobórico consiste de um agregado de grupos $B(OH)_3$ planares, em arranjo hexagonal mantido por meio de ligações de hidrogênio.

O aquecimento do ácido bórico conduz ao óxido B_2O_3, que apresenta aspecto vítreo e é constituído por grupos planares BO_3 poliméricos. Na forma cristalina, o B_2O_3 apresenta uma cela unitária hexagonal, com grupos BO_4 tetraédricos unidos entre si, ao longo da estrutura tridimensional.

Óxido de Silício

O SiO_2, também denominado sílica, ocorre em três formas cristalinas: quartzo (Figura 4.12), tridimita e cristobalita. Todas as formas são constituídas de arranjos tetraédricos SiO_4, dispostos de diferentes maneiras.

A sílica não é solúvel em água e, portanto, não dá origem ao ácido correspondente. Entretanto, em altas temperaturas, reage com óxidos alcalinos, formando ortossilicatos M_4SiO_4 e metassilicatos M_3SiO_3. A sílica desloca os óxidos voláteis de seus sais, mediante forte aquecimento. Por exemplo:

$$Na_2CO_3 + SiO_2 \rightarrow Na_2SiO_3 + CO$$

$$Na_2SO_4 + SiO_2 \rightarrow Na_2SiO_3 + SO_3$$

$$2Ca_3(PO_4)_2 + SiO_2 \rightarrow Na_2SiO_3 + P_4O_{10}.$$

Figura 4.12
Cristais de quartzo.

A fusão da sílica com Na_2CO_3 conduz ao metassilicato de sódio, que, por ser solúvel em água, tem muita aplicação prática, por exemplo, como aditivos complexantes em detergentes ou no tratamento das cascas de ovos, para aumentar sua resistência mecânica. Até uma proporção SiO_2 : Na_2O de 1:3 o produto é constituído essencialmente por monômeros, ou SiO_4^{4-}. Em proporções maiores. formam-se estrutura poliméricas, dando origem aos silicatos que compõem o reino mineral em nosso planeta.

Silicatos

Os silicatos poliméricos apresentam a unidade SiO_4^{4-}, formando cadeias lineares (unidimensionais), planares ou tridimensionais.

A adição de ácido as soluções de silicatos solúveis conduz aos ácidos silícicos, que lentamente sofrem polimerização com perda de água, formando coloides e géis de sílica hidratada. O valor estimado para o pK_1 do $Si(OH)_4$ é 9,85, a 20 °C. A desidratação desses géis conduz à sílica gel, muito usada como desidratante e no controle de umidade.

$$SiO_4^{4-} \xrightarrow[4H^+]{H_2O} Si(OH)_4 \longrightarrow \cdots$$

Para aplicações de alta tecnologia a sílica tem sido obtida pelo processo sol-gel, em que a dimensão das partículas é controlada em escala nanométrica. Esse processo é baseado na hidrólise de alcóxidos de silício, $Si(OR)_4$, formando sílica hidratada coloidal. Após a hidrólise ocorre a gelatinização, ou formação do gel, por meio da condensação das partículas coloidais. Esse material é deixado em repouso por várias horas, para completar o processo de gelatinização. Depois, é feita a secagem e a desidratação do gel, processo que leva à formação de poros. Finalmente, é feita a densificação da sílica, mediante aquecimento a altas temperaturas (1.000 °C), o que provoca a eliminação dos poros. Dessa forma, se obtém uma sílica de alta resistência mecânica, extremamente compacta. Esse tipo de tecnologia é empregado na fabricação de cerâmica vítrea, que oferece grande resistência ao calor e ao impacto.

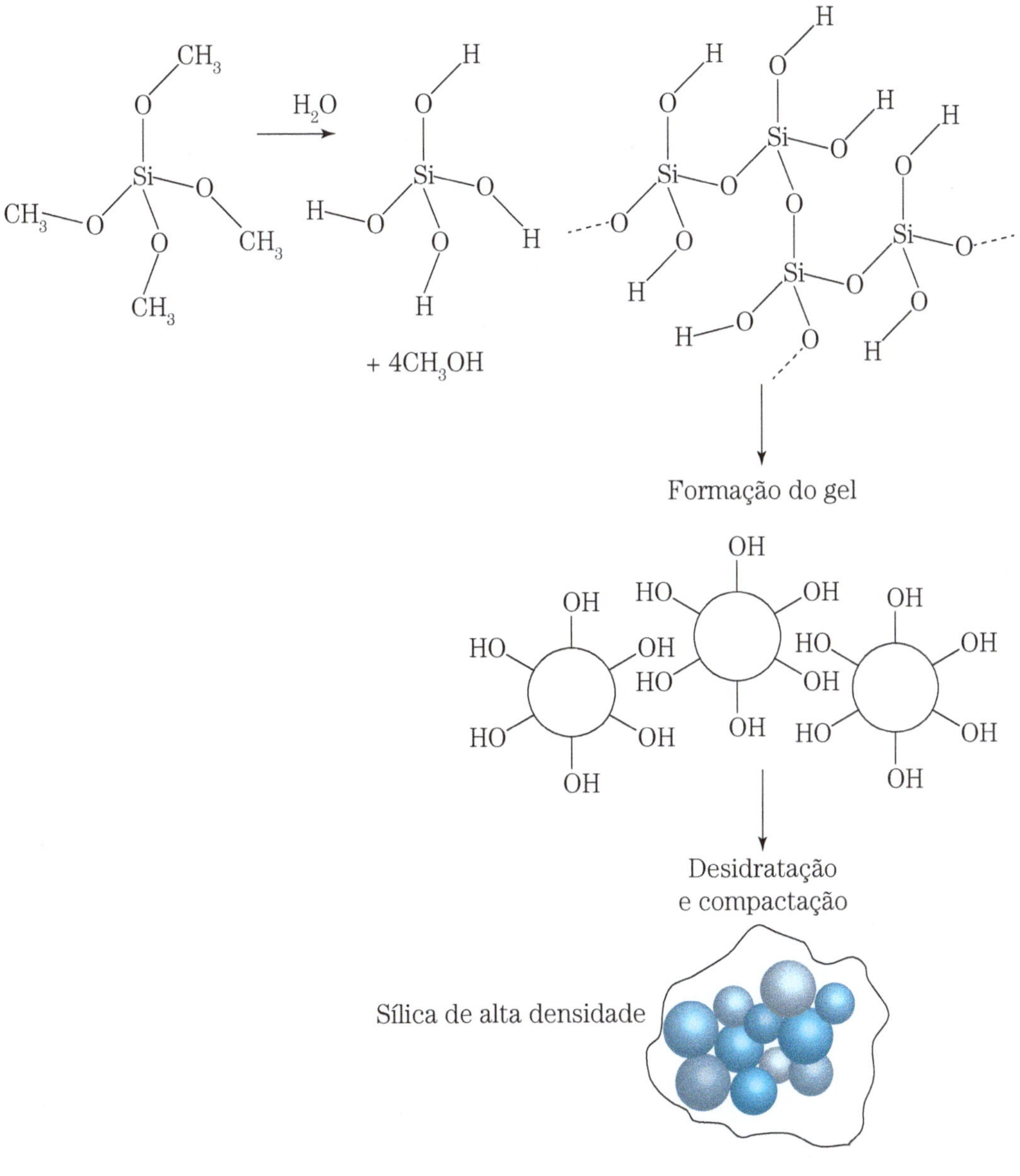

H_2O

$+ 4CH_3OH$

Formação do gel

Desidratação e compactação

Sílica de alta densidade

Os silicatos podem ser classificados de acordo com o tipo de cadeia. Um primeiro grupo é formado por silicatos de cadeias discretas, com unidades do tipo SiO_4^{4-}, $Si_2O_7^{6-}$, $Si_3O_9^{6-}$ e $Si_6O_{18}^{12-}$, encontradas, respectivamente, no zircão, na hemimorfita, benitoita e no berilo (água marinha), conforme ilustrado a seguir:

O^- — Si(O^-)(O^-)(O^-) =

$Si_6O_{18}^{12-}$

Outro grupo é formado por silicatos de cadeias infinitas, com estruturas $(SiO_3)_n^{2-}$ lineares, $(Si_4O_{11})^{6n-}$ em fitas ou $(Si_2O_5)^{2n-}$ lamelares:

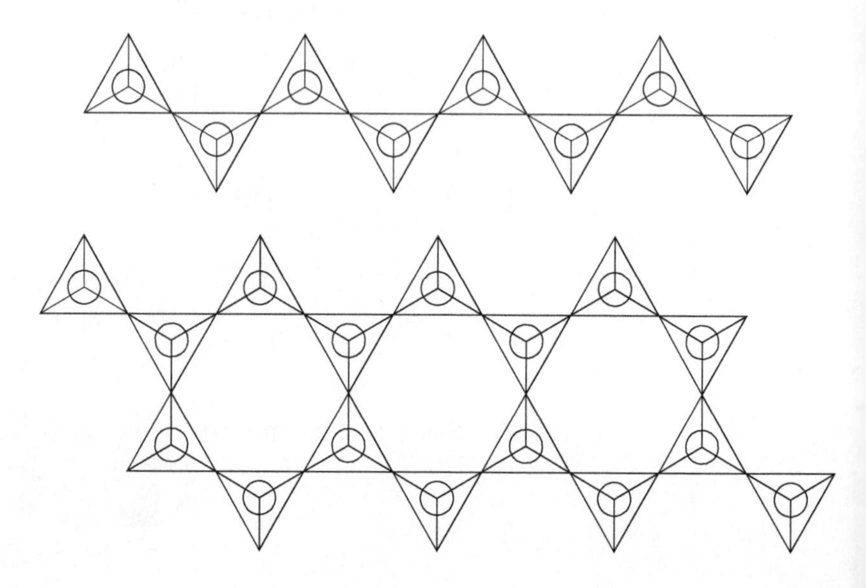

As estruturas lineares ocorrem nos piroxenos, como o espodumeno, $LiA\ell(SiO_3)_2$; as estruturas em fitas ocorrem nos anfibólios, como o asbesto, $Ca(OH)_2Mg_5(Si_4O_{11})$; e as estruturas lamelares ocorrem nas micas, $KA\ell_2[A\ell Si_3O_{10}](OH)_2$ e no talco, $Mg_3(Si_4O_5)_2(OH)_2$.

O terceiro grupo, mais numeroso, apresenta estruturas tridimensionais, infinitas, derivadas em princípio da estrutura da sílica. A constituição básica pode ser pensada em termos da substituição de silício do SiO_2 por alumínio, de forma que a deficiência de carga positiva é complementada por outros cátions, principalmente, alcalinos e alcalinoterrosos. Enquadram-se nesse grupo os feldspatos, como o $KA\ell Si_3O_8$ (ortoclásio), as zeolitas, $Ca_{4,5}A\ell_9Si_{27}O_{72} \cdot 27H_2O$, e os ultramares, $Na_8\,A\ell_6Si_6O_{24}S_2$.

Argilas

As argilas, como o caulim, são aluminossilicatos que entram na composição do solo e constituem matéria-prima para a indústria de cerâmica e tijolos. São formadas pela ação da água e dos elementos naturais sobre as rochas ígneas, constituídas principalmente pelos feldspatos. A formação do caulim pode ser idealizada da seguinte maneira:

$$2[KA\ell Si_3O_8] + CO_2 + H_2O \rightarrow A\ell_2(OH)_4Si_2O_5 \;(\text{ou } A\ell_2O_3 \cdot 2H_2O) + 4SiO_2 + K_2CO_3.$$

Quando misturados com água, as argilas se tornam plásticas e moles; e por calcinação formam uma massa compacta de aspecto cerâmico.

Cimento

O cimento é um produto cuja característica é o endurecimento pela ação da água. Existem vários tipos, sendo o mais comum, o cimento Portland. Na fabricação desse tipo de cimento, é feita uma mistura de argila, calcário ($CaCO_3$), areia e Fe_2O_3, com um teor final na mistura de aproximadamente CaO (63%), SiO_2 (20%), $A\ell_2O_3$ (6%), Fe_2O_3 (3%), MgO (2%) e outros (4%). Essa mistura é calcinada a 1.500 °C formando um aglomerado, conhecido como *clinker*, constituído por silicatos e aluminatos de cálcio, do tipo $Ca_3Si_2O_5$ e $Ca_3A\ell_2O_6$. Esse material é resfriado e moído, formando o cimento. Por hidratação, formam-se aluminossilicatos hidratados (Figura 4.13), cujo aspecto é semelhante ao de uma rocha encontrada na cidade de Portland, na Inglaterra, de onde deriva o seu nome. O cimento Portland é sensível ao ataque por sulfato, em razão da presença de $Ca(OH)_2$, que pode dar origem ao $CaSO_4$, e, por essa razão, não é recomendado seu uso em contacto com a água do mar.

Vidros

O vidro é resultado da mistura de SiO_2 a silicatos em fusão. Existem constituintes que entram diretamente na formação da rede, como o SiO_2 e o B_2O_3, e, em muitos casos, o $A\ell_2O_3$, onde o B e o $A\ell$ substituem o Si. Nesse caso, cátions metálicos provenientes do Na_2O, K_2O, MgO e CaO são necessários para o equilíbrio de cargas elétricas, visto que o B e o $A\ell$ tem carga formais 3+ e o Si 4+. Esses íons se associam à rede de sílica, provocando mudanças estruturais. Por essa razão, são agentes modificadores de rede. O PbO é um óxido que se mistura em qualquer proporção com SiO_2, quando aquecido a 900 °C, formando $PbSiO_4$, e também age como modificador de rede.

Figura 4.13
Imagem do crescimento de aluminossilicatos durante a fase de hidratação do cimento.

O vidro alcalino é obtido pela calcinação de uma mistura de areia, Na_2CO_3 e $CaCO_3$. Sua composição média é aproximadamente, $Na_2O \cdot CaO \cdot 6SiO_2$, ou seja 74% SiO_2, 15% Na_2O e 9% de CaO. Apresenta um coeficiente de expansão térmica elevado (1×10^{-4}) e, por isso, não resiste a choques de temperatura.

O vidro de borossilicato contém 80% de SiO_2, 12% de B_2O_3, 2% de $A\ell_2O_3$ e 4% de Na_2O. Sua característica é o baixo coeficiente de expansão térmica (3×10^{-6}).

O vidro cristal apresenta 67% de SiO_2, 17% de PbO, 10% de K_2O e 6% de Na_2O.

CAPÍTULO 5

CONVERSA COM O LEITOR

Neste volume foram apresentados os elementos químicos e seus compostos, com o objetivo de formar uma visão abrangente, com base no conhecimento da natureza das ligações químicas e das relações termodinâmicas abordadas nos volumes I e II desta coleção de Química Conceitual. Mesmo assim, muitos dos conceitos básicos foram reapresentados de forma concisa, para viabilizar a compreensão do texto, sem o conhecimento prévio ou detalhado dos volumes anteriores.

O Capítulo 1 tratou da distribuição dos elementos na crosta terrestre, e da explanação da estratégia didática adotada neste volume. Ela foi baseada na sequência diagonal da Tabela Periódica, começando pelos gases nobres, passando pelos elementos biatômicos, depois poliatômicos, até chegar aos elementos metálicos. Essa é a sequência natural de evolução da complexidade molecular. A abordagem empregada permite utilizar a disposição dos elementos nas famílias, e ao mesmo tempo, explorar o relacionamento cruzado, ao longo da diagonal da tabela periódica.

No Capítulo 2, foram apresentados e discutidos os dados estruturais, bem como os processos básicos de obtenção dos principais elementos não metálicos, ou representativos.

No Capítulo 3, foi dado destaque para os elementos metálicos e suas propriedades, incluindo os processos de obtenção.

No Capítulo 4, após compor uma visão global sobre os elementos químicos, foram focalizados os compostos formados pelos mesmos, seguindo a mesma sequência diagonal, distribuídos em três grandes classes: a) hidretos, b) haletos e c) óxidos. Essa estratégia, também adotada por muitos outros autores, permite explorar mais adequadamente as características dos elementos, sem se ater exclusivamente aos aspectos descritivos ao longo de uma mesma família, como normalmente é feito por vários autores.

QUESTÕES PROVOCATIVAS

A) SOBRE A DISTRIBUIÇÃO DOS ELEMENTOS QUÍMICOS

1. Observe os dados da Figura 1.1 a respeito da composição da crosta terrestre, e verifique quais elementos são mais abundantes e quais são mais escassos. Onde eles são encontrados? Veja a abundância natural dos elementos conhecidos como terras raras (La...Lu). Será que essa denominação se justifica? Identifique o grupo de elementos conhecidos como metais nobres. O que os torna nobres?
2. Procure estabelecer uma lógica ou correlação entre a complexidade molecular (mono, bi, ... poliatômica) e o número de elétrons na camada de valência do elemento químico.

B) SOBRE OS ELEMENTOS NÃO METÁLICOS

3. Qual é o gás nobre mais abundante em nosso planeta? E no Universo? Cite algumas aplicações dos gases nobres.
4. O próton, como toda partícula elétrica em movimento, possui um momento magnético ou spin, que pode se orientar em paralelo ou anti-paralelo em relação a um

campo magnético. Na molécula de hidrogênio, H_2, os spins de cada núcleo podem estar em paralelo, ou anti-paralelo, dando origem às formas orto, ou para, respectivamente. Essas formas coexistem em equilíbrio na temperatura ambiente, com 75% na forma orto e 25% na forma para. Suas propriedades físicas são ligeiramente diferentes, permitindo que elas possam ser separadas, por exemplo, por cromatografia. Na presença de catalisadores, como o carvão ativo, as formas puras convertem-se novamente na mistura em equilíbrio. Sugira uma explicação para isso.

5. O gás natural e o carvão são opções importantes para a produção de hidrogênio. Como eles são utilizados para essa finalidade?
6. Por que o hidrogênio, atualmente, não é considerado uma fonte primária de energia?
7. Discuta a utilização do hidrogênio em maçarico de arco-voltaico.
8. Qual é a principal aplicação industrial do hidrogênio?
9. Quais são os cuidados necessários para se trabalhar com o flúor?
10. Na obtenção do flúor molecular por via eletrolítica é possível usar apenas HF puro? Quais são os materiais geralmente empregados, e por que o processo não é realizado em meio aquoso?
11. Identifique alguns materiais ou produtos que contêm cloro, no seu ambiente doméstico.
12. Reflita a respeito da composição do ar atmosférico, e da origem do oxigênio molecular. Por que o nitrogênio é o elemento predominante?
13. O oxigênio molecular é paramagnético, e pode dar origem a dois estados eletrônicos excitados, diamagnéticos. Discuta esses aspectos com base nas estruturas eletrônicas do dioxigênio. Como esses estados podem afetar a nossa vida?
14. Faça uma representação estrutural do Ozônio segundo Lewis, e compare com a estrutura de Linnett. Qual é a ordem da ligação O—O nessa molécula?

15. Como o ozônio pode ser produzido para fins práticos?
16. Descreva a estrutura da molécula S_8, utilizando se possível, um modelo de bolas e varetas.
17. Como o enxofre é encontrado na natureza?
18. Descreva os principais processos de obtenção ou extração do enxofre em escala industrial.
19. Explique uma importante aplicação tecnológica do selênio.
20. Comente a respeito da estrutura molecular do fósforo branco, e sua elevada reatividade química.
21. O fosfato tem um papel essencial nos sistemas biológicos, integrando os compostos ricos em energia, como o ATP. De fato, a transformação ATP + $H_2O \rightarrow$ ADP + fosfato libera 30 kJ mol^{-1} que é aproveitada pelos processos biológicos em seus complexos mecanismos de funcionamento. Mas, sabendo que a quebra de uma ligação P—O—P é endotérmica, como ela poderia liberar energia?
22. Discuta as relações estruturais entre a grafite, fullereno, nanotubos de carbono e grafenos.
23. O processo Siemens para produção de silício de alta pureza, a partir da reação Si + $HC\ell$, ilustra um caso exemplar de exploração da termodinâmica para fins práticos. Como isso é feito?
24. O que vem a ser a doença do estanho?
25. Comente sobre a obtenção e estrutura do boro elementar.

C) SOBRE OS ELEMENTOS METÁLICOS

26. Observe com cuidado as formas de acomodação de esferas idênticas, e verifique em que tipo de empacotamento (ccc, cfc, hc) o número de coordenação é mais reduzido.
27. Como variam os pontos de fusão e ebulição dos elementos metálicos ao longo da tabela periódica, e como isso é tratado pelas regras de Engel e Brewer?

28. Por que a inclusão de átomos estranhos, como C, N, e B nos metais acaba acarretando efeitos drásticos em suas propridades?
29. Observando o diagrama de Ellingham da Figura 3.2, como é possível prever se um determinado óxido irá se decompor espontaneamente, a uma dada temperatura, para gerar os elementos?
30. Considerando as curvas de oxidação do carbono e CO, da Figura 3.2, justifique a sequência de reações envolvidas na redução do óxido de ferro em função da temperatura do alto-forno, mostrada na Figura 3.3.
31. Em que consiste a aluminotermia?
32. Quando se utiliza a deposição eletroquímica para a obtenção dos metais, e em que condições?
33. Discuta a viabilidade do emprego da a) decomposição térmica, b) redução com carvão, c) aluminotermia, d) eletrólise, na obtenção de metais a partir dos seguintes óxidos: Ag_2O, ZnO, CuO, TiO_2, $A\ell_2O_3$, CaO.

D) SOBRE OS COMPOSTOS QUÍMICOS

34. Comente a respeito das características e aplicações dos hidretos de metais alcalinos e de metais de transição.
35. Explique por que o H_2O é líquido à temperatura ambiente, enquanto o H_2S, que tem maior massa molecular, é um gás nas mesmas condições.
36. Compare a reatividade dos halogênios F_2, $C\ell_2$, Br_2 e I_2 com H_2.
37. Por que não se deve armazenar soluções de HF em recipientes de vidro?
38. Compare as basicidades relativas do NH_3 e PH_3.
39. Como se explica a solubilidade do sódio metálico em amônia líquida?
40. Discuta os efeitos da temperatura, pressão e catalisadores na síntese da amônia pelo processo Haber-Bosch.
41. Por que o hidreto mais simples do boro não é o BH_3, e sim o B_2H_6. Discuta a estrutura e as ligações químicas envolvidas nessa molécula.

42. Quais são os principais tipos existentes de boranos?

43. Descreva o comportamento esperado dos seguintes hidretos em água:

    a) NaH; b) H_2S; c) SiH_4; d) CH_4; e) B_2H_6.

44. Compare as estruturas ao longo da série NH_3, PH_3, AsH_3, e SbH_3, e da série H_2O, H_2S, H_2Se e H_2Te. Como racionalizar essas observações?

45. Discuta sobre quais dos compostos abaixo são pouco prováveis de existir como espécies estáveis?

    a) NF_5; b) PF_5; c) $BC\ell_3$; d) BF_4^-; e) BF_5; f) $SC\ell_6$; g) TeF_6; h) SF_6; i) PF_2; j) SiF_6^{2-}; k) CF_6.

46. Quais são os principais tipos de compostos inter-halogênios? Discuta a geometria provável dos mesmos, com base na teoria da repulsão dos pares eletrônicos de valência.

47. O iodo é pouco solúvel em água, porém pode ser dissolvido na presença de íons iodeto. Qual a explicação para esse fato?

48. Como pode ser obtido o tetracloreto de carbono?

49. Compare a acidez (de Lewis) dos compostos BF_3 e $BC\ell_3$.

50. Discuta a estrutura do composto cíclico $(PNC\ell_2)_3$.

51. Discuta a estrutura e as ligações no BF_3.

52. Discuta a estrutura e as ligações na molécula de borazina.

53. Discuta as reações de hidrólise para os haletos BF_3 e $PC\ell_5$.

54. Sabe-se que tanto o $SiC\ell_4$ como o $CC\ell_4$ são termodinamicamente instáveis com respeito à hidrólise. Entretanto, na prática, apenas o $SiC\ell_4$ não existe na presença de água. Sugira uma explicação para esse fato.

55. Que são óxidos anfóteros?

56. Por que as ligações E—O (onde E é um dado elemento) terminais apresentam um caráter intermediário entre simples e dupla ligação? Qual é a característica do elemento E?

57. Discuta a acidez relativa dos oxiácidos seguindo a notação de Pauling.

58. Explique a diferença entre os pKas do H_3PO_3 (1,8) e H_3AsO_3 (9,2).

59. Quais são as espécies presentes em uma solução de água de lavadeira, ou hipoclorito de sódio?

60. Discuta a obtenção e estrutura do íon tiossulfato, e do íon tetrationato.

61. Discuta o processo industrial usado para a preparação do ácido sulfúrico concentrado.

62. Qual o significado do rótulo: água oxigenada a 22 volumes?

63. Em que consiste o processo de Birkeland e Eyde?

64. Como é feita a produção de NO pelo método de Ostwald? Como você faria para realizar esse experimento no laboratório? Quais são os pontos importantes a serem observados?

65. Como se obtém o ácido nítrico a partir da produção de NO?

66. Discuta a respeito das estruturas e ligações nas espécies NO_2^-, NO_2 e NO_2^+.

67. Observe o diagrama de fase para o CO_2 na Figura 4.10, e identifique a região em que se estabelece o regime supercrítico. O que acontece nessa região? Em que isso pode ser empregado?

68. Uma das demonstrações mais frequentes nos laboratórios e nos palcos é a produção da névoa de gás carbônico, adicionando uma pedra de gelo seco (CO_2) em água. Por que isso acontece, em vez de se formar uma solução aquosa de CO_2? Por que isso não acontece com o CO_2 levado pela corrente sanguínea em nosso organismo?

69. Observe detalhadamente o esquema do processo Solvay para produção do carbonato de sódio, da Figura 4.11. Por que esse processo é considerado interessante em termos de sustentabilidade?

70. Como variam os estados de oxidação do carbono? Dê exemplos.

71. Descreva a estrutura do bórax, e justifique por que ele é usado como tampão.
72. Em que consiste o processo sol-gel?

APÊNDICE

TABELAS

Tabela A.1 – Algumas grandezas físicas no sistema SI

Especificação	Unidade Física	Símbolo	Sistema SI
Força	newton	N	kg m s^{-2}
Energia e Trabalho	joule	J	kg m^2 s^2 ou N m
Pressão	pascal	Pa	N m^{-2}
Carga elétrica	coulomb	C	A s
Potencial elétrico	volt	V	kg m^2 s^{-3} A^{-1} ou J C^{-1}
Frequência	hertz	Hz	s^{-1}

Tabela A.2 – Conversão de unidades de energia

	hartree	**eV**	**cm^{-1}**	**kcal mol^{-1}**	**kJ mol^{-1}**
hartree	1	27,2107	219.474,63	627,503	2.625,5
eV	0,0367502	1	8.065,73	23.060,9	96.486,9
cm^{-1}	$4.556,33 \times 10^{-6}$	$1,23981 \times 10^{-4}$	1	0,00285911	0,0119627
kcal mol^{-1}	0,00159362	0,0433634	349,757	1	4,18400
kJ mol^{-1}	0,00038088	0,01036410	83,593	0,239001	1

Tabela A.3 — Classificação periódica moderna dos elementos

Metais de Transição — *Representativos*

1	2	3	4	5	6	7	8	9	10	11	12	13	14	15	16	17	18
1 **H** 1,0079																	2 **He** 4,0026
3 **Li** 6,941	4 **Be** 9,0122											5 **B** 10,811	6 **C** 12,010	7 **N** 14,006	8 **O** 15,999	9 **F** 18,998	10 **Ne** 20,180
11 **Na** 22,989	12 **Mg** 24.305											13 **Aℓ** 26,981	14 **Si** 28,085	15 **P** 30,973	16 **S** 32,066	17 **Cℓ** 35,453	18 **Ar** 39,948
19 **K** 39,098	20 **Ca** 40,078	21 **Sc** 44.956	22 **Ti** 47,867	23 **V** 50,941	24 **Cr** 51,996	25 **Mn** 54,938	26 **Fe** 55,845	27 **Co** 58,933	28 **Ni** 58,693	29 **Cu** 63,546	30 **Zn** 65,40	31 **Ga** 69,723	32 **Ge** 72,64	33 **As** 74,92	34 **Se** 78,96	35 **Br** 79,904	36 **Kr** 83,80
37 **Rb** 85.467	38 **Sr** 87,62	39 **Y** 88,905	40 **Zr** 91,224	41 **Nb** 96,906	42 **Mo** 95,94	43 **Tc** 98	44 **Ru** 101,07	45 **Rh** 102,90	46 **Pd** 106,42	47 **Ag** 107,86	48 **Cd** 112,41	49 **In** 114,81	50 **Sn** 118,71	51 **Sb** 121,76	52 **Te** 127,76	53 **I** 126,90	54 **Xe** 131,29
55 **Cs** 132,90	56 **Ba** 137,32	57-71 **La-Lu**	72 **Hf** 178,49	73 **Ta** 180,94	74 **W** 183,84	75 **Re** 186,20	76 **Os** 190,23	77 **Ir** 192,21	78 **Pt** 195,07	79 **Au** 196,96	80 **Hg** 200,59	81 **Tℓ** 204,38	82 **Pb** 207,21	83 **Bi** 208,98	84 **Po** 209	85 **At** 210	86 **Rn** 222
87 **Fr** 223	88 **Ra** 226	89-103 **Ac-Lr**	104 **Rf** 261	105 **Db** 262	106 **Sg** 266	107 **Bh** 264	108 **Hs** 277	109 **Mt** 268	110 **Ds** 271	111 **Rg** 272	112 **Cn**		114 **Fℓ**		116 **Lv**		
Lantanídios →		57 **La** 138,90	58 **Ce** 140,11	59 **Pr** 140,90	60 **Nd** 144,24	61 **Pm** 145	62 **Sm** 150,36	63 **Eu** 151,96	64 **Gd** 157,25	65 **Tb** 158,92	66 **Dy** 162,50	67 **Ho** 164,93	68 **Er** 167,26	69 **Tm** 168,93	70 **Yb** 173,04	71 **Lu** 174,96	
Actinídios →		89 **Ac** 227	90 **Th** 232,03	91 **Pa** 231,03	92 **U** 238,02	93 **Np** 237	94 **Pu** 244	95 **Am** 243	96 **Cm** 247	97 **Bk** 247	98 **Cf** 251	99 **Es** 252	100 **Fm** 257	101 **Md** 258	102 **No** 259	103 **Lr** 262	